獸醫教你！

貓咪的幸福生活教科書

貓奴必知的
貓咪身&心靈保健

前言　貓奴該如何讓貓咪幸福呢？

歷經新冠疫情流行，
野澤醫生
人類的生活型態發生了改變，大家變得更重視待在家裡的時間。
而隨著這樣的時代來臨，
家裡開始養貓的人與日俱增。

只是存在
就能安撫人心的貓，
愛麗♀
儼然已是
家庭中的一份子。
當貓成為家人，
小個子♂
我們往往會誤以為
牠們和人一樣
總是很健康，
而實際上家貓的
平均壽命，
紅豆♀
小咪♀
鈴太郎♂
已經超過了15歲。

但人們很容易遺忘，
貓和人其實是完全不同的物種。
我們飼主準備的環境，
是否有符合貓咪自由的天性，讓牠們幸福地生活呢？
還有身體狀況是否有異常？
要顧及貓咪的這些身心健康，
對飼主來說其實不是件容易的事。

本書中，
為各位整理了各類知識，
有助於維持貓咪身體健康、延年益壽！
貓奴必知的 貓咪身&心靈保健
獸醫來教你！
貓咪的幸福生活 教科書
【監修】野澤延行
【漫畫】松本勇祐
【翻譯】洪薇
飼主的作為將影響貓咪的「健康」與「長壽」
獸醫來教你！
《貓咪的幸福生活教科書》
（簡稱貓咪教科書）
由愛貓的獸醫與漫畫家聯手，
將養貓必備知識彙整成冊，
有漫畫更容易讀！
推薦給養貓新手與想照顧貓咪身心健康的人。

目錄

登場人物介紹

高橋家

生活在公寓的夫妻檔，
最近剛開始養貓。
聰太的老家則是早有在養。

高橋聰太
高橋佳織
高橋愛麗（女生）

田中家

獨居生活。下班後回家看到貓上門迎接時，疲憊感便瞬間一掃而空。

田中茉里
田中小個子（男生）

佐藤家

三代四口與3隻貓一起生活在獨棟
民宅中。祖父已過世，貓咪是這家
不可或缺的存在。

佐藤純子
佐藤愛梨
佐藤鈴太郎（男生）

佐藤淳平
佐藤綾
佐藤紅豆（女生）
佐藤小咪（女生）

第1章

觀察貓咪能知曉的事

培養觀察貓咪的眼力

喵～
吐掉
不是要吃飯……
喵喵叫
我也聽不懂啊～
抱起
你想要我做什麼呢？
話說今天護理長好像有說……
田中小姐！我們要好好觀察病患唷！
這麼一來我們才能知道他們的需求！
觀察……嗎？
呼嚕呼嚕……
為了推測貓咪的心情，
我要來好好培養觀察力！

1-01 貓咪健康自然就漂亮

貓咪的身心狀態會直接反映在外觀上。當貓的生理機能正常時，外表自然就顯得美麗；反之要是身體不適，不但機能會下降，梳理毛髮的次數也會減少，導致皮毛光澤欠佳。

貓毛的蓬鬆程度是健康指標。而貓毛中的主要成分——角蛋白，是由魚、肉類等優質動物性蛋白組成。

雖然貓又分長毛品種和短毛品種，但大部分的貓身體都有上毛和下毛的雙層毛結構（Double coat）。上毛能替皮膚阻隔紫外線，同時形成體表花紋；下毛則肩負調節體溫的功能。此外，皮膚也是貓的感覺器官。

貓咪外觀的好壞也會受到心理內在因素的影響，因此家裡有能讓貓自在放鬆的地方非常重要。如果你們家的貓今天也很美，那麼就說明牠的身心都非常健康。

總結

「身體健康」與「心理幸福感」是維持貓咪美觀的兩大要素。

總而言之，如果那隻貓很美，那牠的身心靈照顧上絕對沒問題。

※閃閃發亮
仔細看～！
我舔
我舔
看牠梳毛就知道牠很愛美呢～！
愛麗知道自己很漂亮呢。
鬍鬚根根分明，
充滿光澤的肉球！
美貓
還有那美麗的毛皮！
這些都證明牠很健康呢。
必須要自我打理
家裡養的貓居然教會了我美容的奧義……
哦哦！
自我保養很重要！
偶爾也要好好照鏡子……

1-02

讚美對貓很有效

貓咪能記住聽過好幾次的詞語，還能根據音調和狀況理解單字的意思。牠們能理解自己的名字和「吃飯」、「早安」、「我回來了」是好的詞句，也知道「可愛」、「毛皮色澤亮麗」是在稱讚身體健康，還有成功上廁所時，主人會說：「真了不起。」**對貓咪而言，讚美是心靈的維他命。**

總結

貓咪都聽得懂。
稱讚有助於維持貓的心理健康。

好可愛！
好孩子！
毛髮真漂亮！
梳理毛髮的動作也美得像幅畫！
好貓腿！
肌肉太耀眼了！
儼然是
健美大賽現場

讚美能提升自我肯定感，無論貓還是人都是如此。

1-03 藉由眼屎、耳垢、噴嚏確認健康狀況

貓如果身體健康，就幾乎不會有眼屎、耳屎。若角膜、結膜有發炎，還出現流淚、流鼻水、咳嗽或打噴嚏等症狀時，則可能是罹患了上呼吸道疾病（貓感冒）。眼屎可用溫水軟化後擦除，但若症狀持續數日，應在重症化前帶往醫院就診。

總結

如持續有「與往常不同」的症狀時，應盡早前往就醫。

檢查時能順便與貓進行肢體接觸，對人而言也是很愉快的時間。

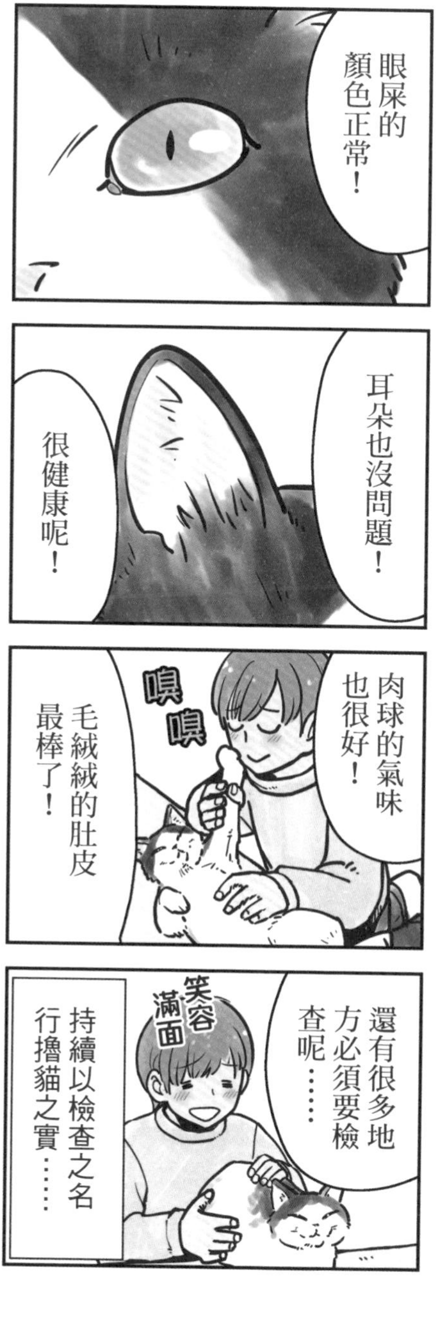
眼屎的顏色正常！
耳朵也沒問題！
很健康呢！
肉球的氣味也很好！
嗅嗅
毛絨絨的肚皮最棒了！
還有很多地方必須要檢查呢……
笑容滿面
持續以檢查之名行擼貓之實……

1-04

無須擔心掉毛

貓基本上整年都在掉毛。**如果毛沒掉到看到皮膚，那麼都無須擔心。**此外，一般貓都有「換毛期」，在這段期間貓會長出新毛以取代舊毛，而換毛期通常為春天（3月左右）與秋天（11月左右）共兩次。換毛的目的在於調節體溫和維持皮膚健康。為了能耐得住夏季的燠熱，貓會在3月褪去濃密的下毛，並於下方為長出夏毛做準備。

不過根據我在醫院時的觀察，個體間的換毛狀況差異很大。且由於現在是以家養為主，隨季節出現的換毛期並不明顯。有些容易掉毛的貓則是終年都在掉毛，平常就需多多梳理。

上了年紀的貓經常有無法順利換毛的狀況，所以在夏季來臨前，就要先幫忙老貓梳掉作為冬毛的下毛。然而，如果掉毛量過多，則可能就要懷疑是不是有生病或壓力的可能性。

總結

貓換毛是為了調節體溫和維持皮膚健康。

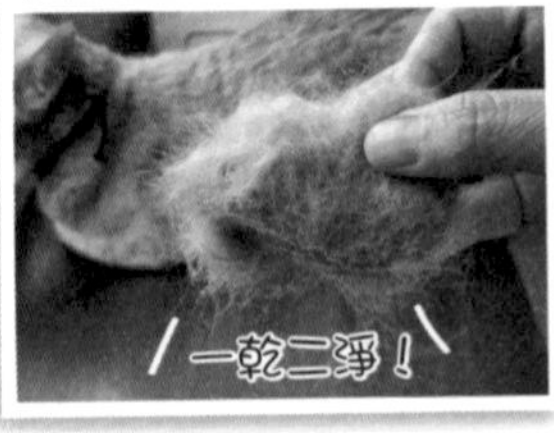

以下幾種方法能預防掉毛。
①在貓毛脫落前，先用刷子刷下來。
②先用黏毛滾輪沿著毛流黏過。
③在夏天時剃短。

3月
夏毛
11月
冬毛
居然差這麼多！
貓會用毛來調節呢。
這就像人也會換衣服啊。
不過養在室內的氣溫變化小，
一直在室內
所以最近也有許多貓都不太換毛的樣子。
好像整年都不換季，只穿居家服的人呢。
這樣穿好舒適——！
貓和那種懶蟲不一樣啦。

1-05 打掃能解決對貓過敏的問題

貓毛是造成人對貓過敏的首要原因，本篇將介紹打掃貓毛的訣竅。①先在室內噴水，讓毛不要亂飛後，再用吸塵器打掃。②戴上橡膠手套摩擦牆壁和地毯，便能快速去除上面的貓毛。③使用空氣清淨機。頻繁梳毛加上每月洗一次澡對於預防過敏也很有效。

總結

「吸塵器」、「平板拖把」、「黏毛滾輪」是打掃貓毛的三大神器。

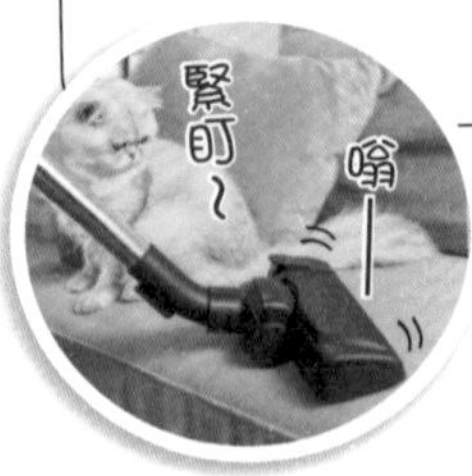
緊盯~
嗡——

對付過敏應遵守「不讓貓進入寢室一起睡」、「戴口罩隔絕飛毛」等原則。

哈啾
像是西部電影中，
風滾草般滾動的毛球
我對貓過敏。
這樣的話，
就靠勤打掃來改善吧！
完美！
有搗蛋鬼在剛掃過的地方搗亂呢。
又掉毛了！

1-06

長毛貓需要梳毛

長毛貓特別容易起毛球，且容易因舔毛出現毛球症。所以**長毛貓每 3 天就要用梳子或刷子梳毛，換毛期的春秋時節更是要頻繁梳理。**一旦形成毛球就很難只用梳的梳掉，貓咪也會抗拒梳毛。

總結

梳毛不僅能使毛皮變得美觀，還能穩定心神，對貓咪的身心都有好處！

無論是長毛、短毛都適用圓頭狀針尖的針梳。也有些貓喜歡橡膠除毛梳。

毛掉得真多啊。
壞笑
?
這樣就能做貓毛氈了……
感謝
提供材料……

1-07

局部脫毛可能是生病？

貓咪局部脫毛的原因有很多，例如過敏、內分泌異常、壓力、項圈造成的物理性脫毛等。如果演變過敏性皮膚炎，貓咪就容易去舔拭或抓撓。若出現毛髮大量脫落、脫落範圍擴大，又或是出現皮屑或泛紅發炎的症狀時，就要帶去給獸醫檢查。

總結

如果感覺「掉毛的狀況與以往不同」時，就要去看獸醫。

關於貓的皮膚保養，建議飲食中應含優質蛋白質、必要脂肪酸與抗氧化成分。

項圈下怎麼禿了！
項圈下比較悶熱嗎……
帶去看醫生吧。
數天後
原來拿掉項圈就能自癒…
我們耐心治療吧。
拿下…
我好像也該換頂帽子避免悶熱…
我也是……

牠感覺好像很癢，
是不是有跳蚤啊？
可能是之前逃家時沾上的……
來幫牠洗澡吧！
明明討厭洗澡卻忍住了呢！
真了不起！
怎麼一臉又想逃家的樣子……？

1-08 留意跳蚤、蝨子或蟎蟲寄生

如果貓感染了肉食蟎科的體外寄生蟲時，背部等處會奇癢無比，並產生大量皮屑。而導致疥癬的疥蟎則是會在貓的頭和臉等部位擴張，同時出現獨特的皮屑。此外，乾燥、壓力也是形成皮屑的原因。其他還可能是感染了跳蚤、蜱蟲或貓羽蝨等體外寄生蟲。

總結

如果發現感染，就要盡快帶去醫院驅蟲！

很癢嘛~

貓舌頭很粗糙，如果去舔發癢的地方，可能會把皮膚舔壞。

貓的花色百百種

黑底	灰底	灰虎斑底	虎斑底
毛色為黑色。	毛色為灰色。	毛色由黑、灰混合，形成條狀斑紋（虎斑）。	毛色由黑、褐混合，形成條狀斑紋（虎斑）。

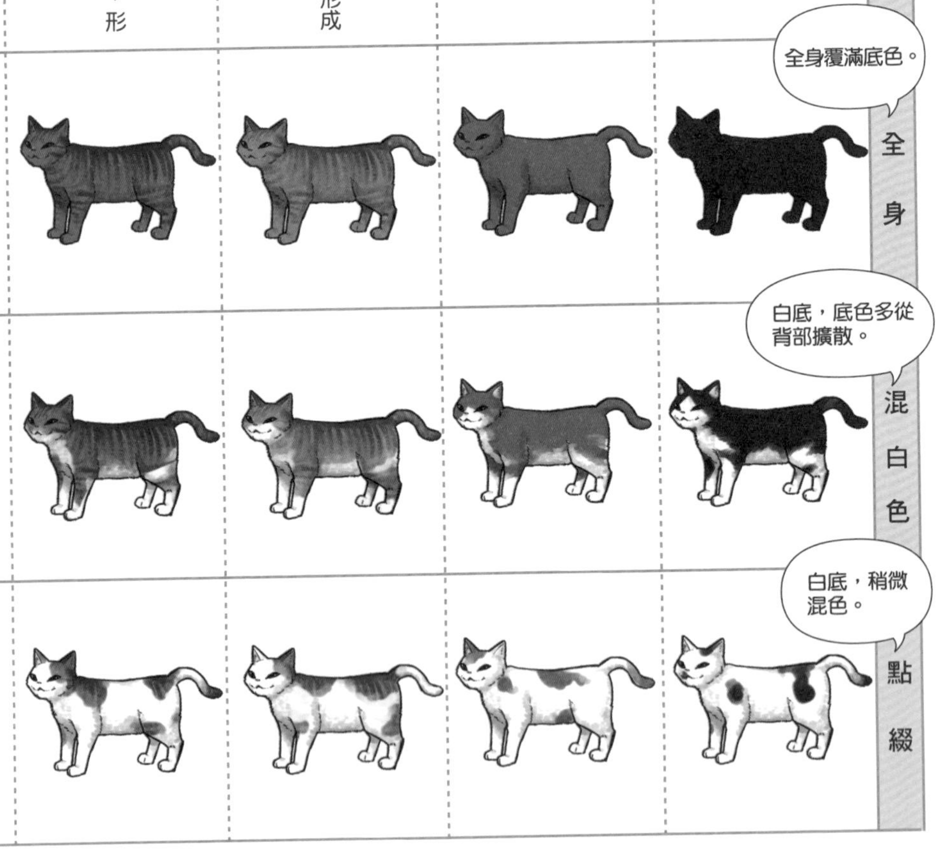
全身覆滿底色。
全身
白底，底色多從背部擴散。
混白色
白底，稍微混色。
點綴

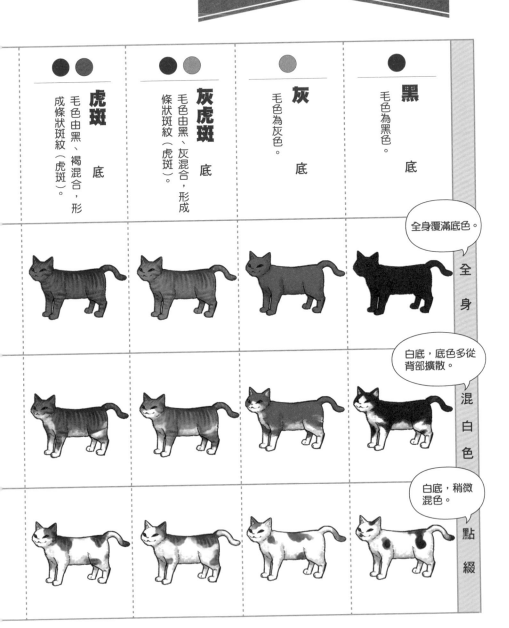

貓的花色可大分成單色系與條紋色系。
雖然花色種類繁多，難以全部羅列，
但下圖是按顏色稱呼整理出的表格。

白底	三花底	橘虎斑底	玳瑁底
毛色為白色。	毛色由黑、白、橘混合，形成馬賽克狀斑紋。	毛色由褐、黑、橘混合，形成條狀斑紋（虎斑）。	毛色由黑、橘混合，形成馬賽克狀斑紋。
	無相符		
無相符			
無相符			

1-09

親子擁有不同花色很正常

都說「貓咪親子的花色相似」，但其實並不一定。原因就在於**白毛的遺傳基因優於褐色與黑色等顏色的遺傳基因**。也就是說，褐色與白色的貓父母有可能生下純白色的貓寶寶。此外，毛色也可能隔代遺傳給孫子。

總結

顏色與花紋取決於基因組合。

若觀察野貓的花色，就能感受到所有住在該區域的貓造成的影響。

溫馨影片
是小貓！
牠們在喝奶！
親子的花色不一樣呢……
這是為什麼呢？
來查查看吧。
聽說有可能和孫子輩擁有相同花色！
咦！
愛梨和奶奶也長得很像呢！
呵呵呵

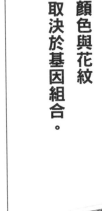

1-10 可愛的毛色與花紋

每隻貓咪的花色都各不相同，**其毛色是從背部開始擴散，不一定左右對稱，且在臉部和尾巴特別容易有花紋**。此外，各自分離的有色花紋也很有特色，例如彷彿穿著手套和襪子的貓、鬍子或眉毛處有花紋的貓、帶有心型或文字形狀的貓等等，無論哪種都非常可愛呢。

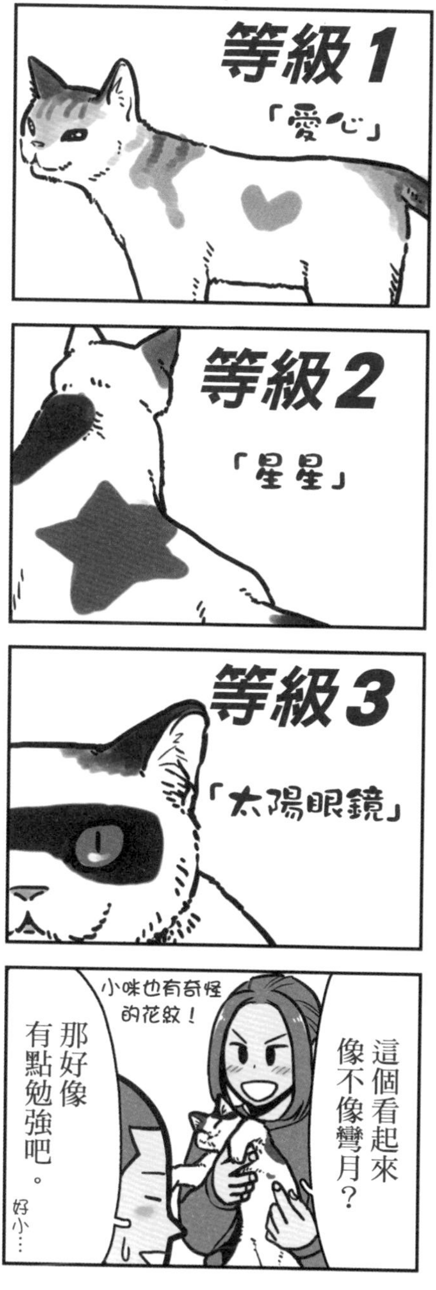

等級1
「愛心」
等級2
「星星」
等級3
「太陽眼鏡」
小咪也有奇怪的花紋！
這個看起來像不像彎月？
那好像有點勉強吧。
好小…

總結

奇異的花色是那隻貓的特色！花色有多怪，就有多可愛。

Cute!

麻呂眉、鬍子等源於特色花紋的取名聽起來也很討喜。

關於貓咪花色的有趣說法

人們對於
貓的毛色有些說法，
例如橘貓，
據說比較親人
且愛撒嬌，

虎斑貓
較有野性，
黑貓和虎斑貓
都擅長捕鼠，

相反白貓，
雖不擅長捕鼠，
但卻很聰明等等，
這些傳聞在大眾之
間不脛而走。

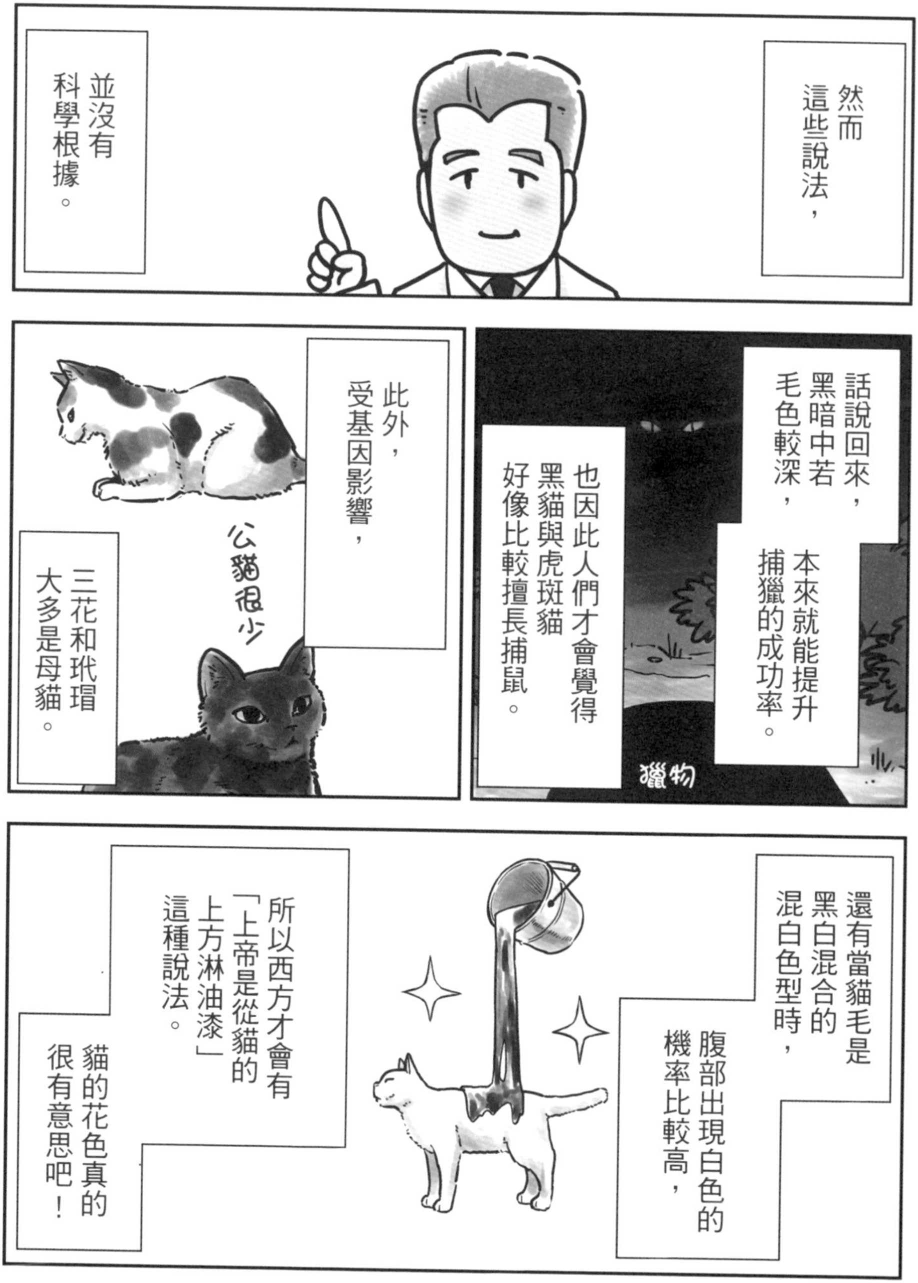
然而
這些說法，
並沒有
科學根據。
話說回來，
黑暗中若
毛色較深，
本來就能提升
捕獵的成功率。
也因此人們才會覺得
黑貓與虎斑貓
好像比較擅長捕鼠。
獵物
此外，
受基因影響，
公貓很少
三花和玳瑁
大多是母貓。
還有當貓毛是
黑白混合的
混白色型時，
腹部出現白色的
機率比較高，
所以西方才會有
「上帝是從貓的
上方淋油漆」
這種說法。
貓的花色真的
很有意思吧！

獸醫小語

觀察貓咪的外觀和行動，找出問診和檢查時看不見的問題

只要是貓奴，都會被貓咪深深吸引。明明具有野生動物般的身體素質與柔軟毛皮，卻能在室內盡情嬉戲、打盹，這樣無意識地放鬆，正是牠們幸福生活的證明。我從平時就會在不被貓察覺的狀態下觀察，了解牠們自然的行為。

此外，我在診間判定貓的健康狀況時，偶而也會碰到無法單靠問診和檢查做出診斷的狀況，這時就得觀察牠們的外觀與行為，判斷貓咪有沒有心理方面的問題，例如壓力、不健康的飲食或環境等。不健康的生活會導致貓咪免疫力下降，容易感染細菌或病毒，因此飼主必須留意讓貓有適當的生活環境。

第2章

整頓貓咪的家

貓咪滿意我的家嗎？

到家囉！
這孩子最開始到醫院打了兩劑疫苗，
但我沒想到除此之外，牠還需要這麼多東西！
真是出乎意料的支出呢。
CAT
ミルク
貓糧 600日圓×3
貓用奶 1000日圓
外出籠 4000日圓
尿墊 1000日圓
貓砂 700日圓×3
貓抓板 500日圓×2
貓砂盆 4500日圓
也得想想收納方式才行。

聰太的老家有養貓，
而且還有貓步道！
完全為貓打造
因為我爸媽很熱衷啊。
那麼……
牠會不會喜歡我們家呢？
喀
嚓
緩步鑽出……
是說我媽好像還有替家具包上塑膠墊的樣子……

貓的理想住所

A 能上下運動的空間

貓是愛往高處跑的動物，很喜歡上下運動，所以家裡最好有具高低差的縱向空間，像是樓梯或貓跳台都很不錯。

B 能躲藏的地方

貓喜歡陰暗狹窄的地方。例如衣櫃的衣服間、家具間隙、房間深處或外出籠等空間。

C 磨爪的地方

貓是會磨爪的生物，如果室內有磨爪用品，貓會非常開心。另外，也別忘了事先保護好珍貴的家具。

E 監視的地方

貓喜歡能從高處將室內一覽無遺的地方，例如櫥櫃、書櫃的上方或閣樓等高處都是絕佳地點。不過建議要先把會被推落的物品收拾好。

D 眺望窗

觀察窗外隨季節變化的景色、野鳥、昆蟲與植物等，對貓而言是很舒適的刺激。適度的日光浴也有助於調節體溫和生理時鐘。

C

最近市面上也有販售表面鋪有防貓抓布的沙發。

2-01

磨爪有助於貓咪調整心情

將外層的舊爪磨掉，使爪子更鋒利的行為，是貓咪過去狩獵時保留下來習慣。而這個動作也是貓咪為緩解情緒時的轉移行為。**所以磨完爪後，貓會感到心情舒暢。**如果煩惱貓咪到處亂抓，建議可以用貓咪專用指甲剪替貓修剪爪子。

總結

預先營造磨爪空間，或用貓專用指甲剪修剪腳爪。

啪哩啪哩
啪哩啪哩

貓最喜歡在有凹凸的表面上磨爪。在自然界中，牠們會用杉樹或松樹等針葉樹的樹幹磨爪。

唰
唰
唰
牠會用瓦楞紙磨爪真了不起。
嗯嗯。
之前都還是用家具在磨呢。
沒錯沒錯。
我甚至覺得牠好像都先挑貴的下手啊。
像是義大利製的椅子之類的呢。

2-02 貓咪喜歡上下運動

貓咪喜歡高處。如果家裡有高的地方，不僅能解決休息空間不夠或運動不足的問題，還能讓貓打發無聊。**替貓設置貓跳台時的訣竅是要「穩定」，若稍有晃動，貓就不會喜歡。**此外，貓也很擅長尋找自己喜歡的棲身之所，例如書櫃、日式壁櫥或是家具、家電的上方等。

總結

貓跳台或家具都是能讓貓上下運動的陳設。

我想爬上去…

設置貓跳台或在牆上裝設貓用階梯，貓咪會一定很開心！

貓跳台完成！
這樣就能盡情地上下運動了呢！
……
結果牠好像比較喜歡待在那個櫥櫃上……
失望
最終變成置物台。

2-03

飼養多隻貓時應區分地盤

貓本來是喜歡獨來獨往的動物，但多養2、3隻讓牠們互相交流也不錯。不過，**其中也有些貓會因此有壓力。**為確認彼此能不能合得來，引進新貓時要規劃適應期。此外，**飼養多隻貓時必須要區分地盤**，這時建議可充分利用縱向空間。

總結

若貓咪們合不來時，無論吃飯還是上廁所都要分開。

「動物囤積症」對飼主和貓都很不好。要讓我們所飼養的貓都能獲得妥善照顧。

哈氣——
牠們會吵架，
來替牠們區分行動範圍吧。
之後……
緊挨彼此
簡直像分居後，
關係又重修舊好的伴侶……

2-04

家養貓須留意消暑

貓適宜的溫度為22～26℃，高齡貓則需再高個2～3℃。基本上，貓會自己移動到適合的場所調節體溫。冬天時要留意電暖器造成的低溫燙傷或意外；**夏天則要注意中暑**，還有習慣氣候的熱適應訓練也很重要。

總結

溫度應冷熱適中，並慎防疏忽造成的意外。

貓只有腳底有汗腺，無法像人類一樣利用排汗調節體溫。請為貓咪常備新鮮的水以防中暑。

不在！
有可能是逃家了！
出～來！小個子！
你在哪裡啊！
怎麼辦……一直找不到的話……
搞不好會出意外……
原來躲在那種地方啊……

2-05

離家出走就從半徑10m內開始尋找

家養貓若逃家，也大多會待在半徑50m內。**各位可從離家半徑10m的範圍內充分「呼喊名字」來尋找，如果還是找不到，就以每次增加10m的距離逐步擴大搜索範圍。**有時貓會在夜深人靜時回應呼喚。若隔天仍沒有回家，則建議張貼傳單，或利用寵物走失APP尋求幫助。

總結

等待一天仍沒有回家時，可張貼傳單或用寵物走失APP尋找，同時聯絡收容所和警察。

MISSING FAMILY
NAME
チビちゃん
猫を探しています
090-1234-56XX

生活在室內的貓不熟悉外面環境，因此不會主動跑遠。此外，張貼傳單時要負起責任，應先取得管理者的同意後再張貼。

2-06 預防緊急狀況應植入晶片

關於寵物貓的防災措施，飼主應負責於事前做好避難準備。避難所一般很難和貓共同生活，有可能需把貓寄放在貓專用的收容所，這時彼此都得忍耐幾天。另外也要預想在車裡生活的狀況。此外，**建議替貓植入晶片，萬一貓咪逃跑，還是能確認牠的位置。**

總結

在項圈清楚寫下名字與聯絡方式，同時事先植入晶片！

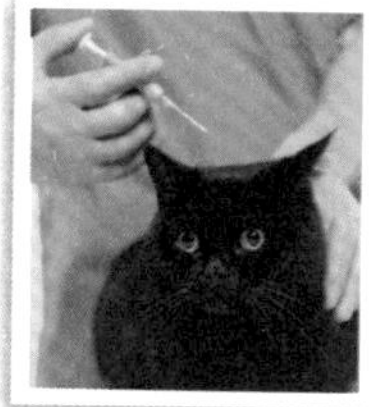

防災背包裡要準備每隻寵物約0.5～1ℓ的水、數張寵物尿墊、防走失名牌、愛貓的照片或圖片等。可選擇雙肩背型的外出籠，這樣雙手就能空出來比較方便。另外，貓身上要有項圈跟牽繩。

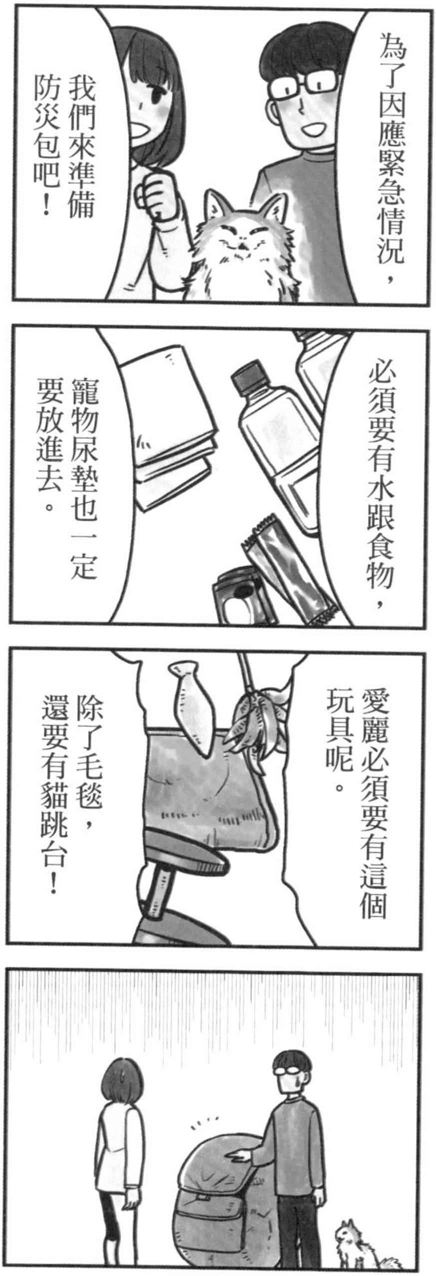
為了因應緊急情況，
我們來準備防災包吧！
必須要有水跟食物，
寵物尿墊也一定要放進去。
愛麗必須要有這個玩具呢。
除了毛毯，還要有貓跳台！

貓砂盆首重安心與清潔

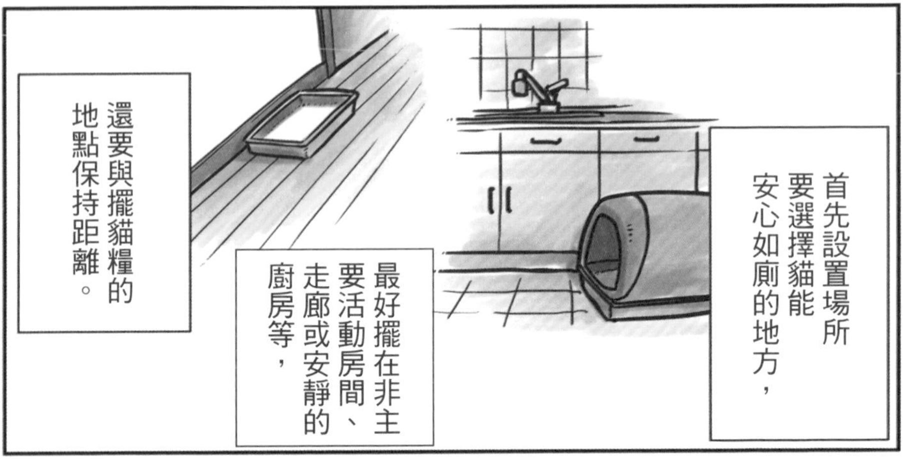
首先設置場所要選擇貓能安心如廁的地方，
最好擺在非主要活動房間、走廊或安靜的廚房等，
還要與擺貓糧的地點保持距離。

換氣也很重要，
建議可擺在窗邊或靠近換氣扇的場所。

接下來是尺寸最好選擇偏大的款式，
1.5倍
理想大小是貓咪頭尾長度的1.5倍以上，
如果容器邊緣較高，建議要加裝踏台，
尤其是上了年紀的貓，就必須準備踏台。

最為重要的是
貓砂盆一定要
保持清潔，
據說貓的嗅覺是
人類的數萬到數十萬倍，
難以忍受
骯髒的廁所，
是貓咪的習性。
貓之所以會在
換完貓砂後馬上跑來，
就是因為牠們
能聞出廁所變
乾淨了，
所以當貓使用
完畢後，就應
盡快打掃。

2-07 貓砂盆要擺在安靜且通風的地方

最適合擺放貓砂盆的位置是**貓和人來來去去的客廳角落等容易打掃的地方**，還能順便確認貓的排泄狀況。另一方面，NG地點則有吵鬧的地方、生活噪音嘈雜的房間和太溫暖的場所。總之，就是要擺在貓會感到安穩，「能隨時想上就上」的空間。

總結

貓咪如廁後，應盡快打掃貓砂盆。

嗅嗅

貓咪嗅覺的靈敏度是人的數萬到數十萬倍，因此貓廁所必須經常打掃。

貓砂盆的地點
選這裡好嗎？
確實很安靜呢，
擺在玄關前的走廊。
喀擦
我回來了！
抖抖
!?
抖抖
這什麼迎接方式…

2-08 多貓家庭的廁所數量應為隻數×1.3倍

飼養多隻貓時，廁所數量應為隻數×1.3倍。例如兩隻貓需要2到3座、3隻貓則需要4座貓砂盆。此外，貓砂盆的理想大小為貓咪體長×1.5倍以上。還有**如果其他貓上完後，廁所卻一直沒清理的話，那麼愛乾淨的貓就會憋著不上，導致罹患膀胱炎等疾病。**

總結

飼養前要先考慮貓砂盆的擺放位置與個數。

我先走啦！

飼養隻數多時，廁所的使用頻率就會增加，因此確保廁所數量充足非常重要。讓貓揮別排泄壓力是我們飼主該做的事。

我去養了很多隻貓的一位朋友家拜訪。
嗯。
有間房間整間被當作廁所房。
好厲害！
不但要經濟許可，還要有覺悟呢。
對啊。
嘩啦—
只需要一間廁所的人類真經濟！
是那樣嗎？

2-09

利用熱水去除尿騷味

貓撒尿的地方可以**先用紙巾吸取，再淋上熱水**。若該處無法淋熱水時，由於貓尿為弱鹼性，可改用１００cc的水加一小匙檸檬酸或醋和水比例一比一的液體擦拭，如此便能去除尿騷味。隨後請再次用紙巾吸取，並使其自然乾燥。

總結

貓尿為弱鹼性，可用弱酸性的液體加以中和。

不小心尿床了……

味道濃烈的貓尿液為弱鹼性，建議可用弱酸性的液體中和。另外，含酵素的清潔劑也很有效。

牆壁被撒尿了……
嫌疑貓
用熱水消毒！
嘩啦啦……
呼……
味道好多了呢。
話說有必要穿這身科學實驗白袍嗎……？

2-10 頻繁上廁所有可能是健康問題

如果貓頻繁跑廁所，則可能是有頻尿或便祕的問題。10歲以下的貓出現突發性膀胱炎、10歲以上的貓出現下泌尿道疾病案例有增加趨勢。完全沒有排尿很危險，須馬上送醫院急診；而若是便祕、頻尿，應於隔日帶到醫院檢查。可參考第85頁「喝多尿多」。

總結

出現肉眼可見的血尿是非常糟糕的情況，必須馬上就醫！

半小匙～一小匙的橄欖油能改善貓的便祕，請以不拉肚子為前提調整用量。

市面上有販售遇到血尿就會變色以方便辨識的貓砂，如果貓過去曾有血尿，也許可以選用這款產品。

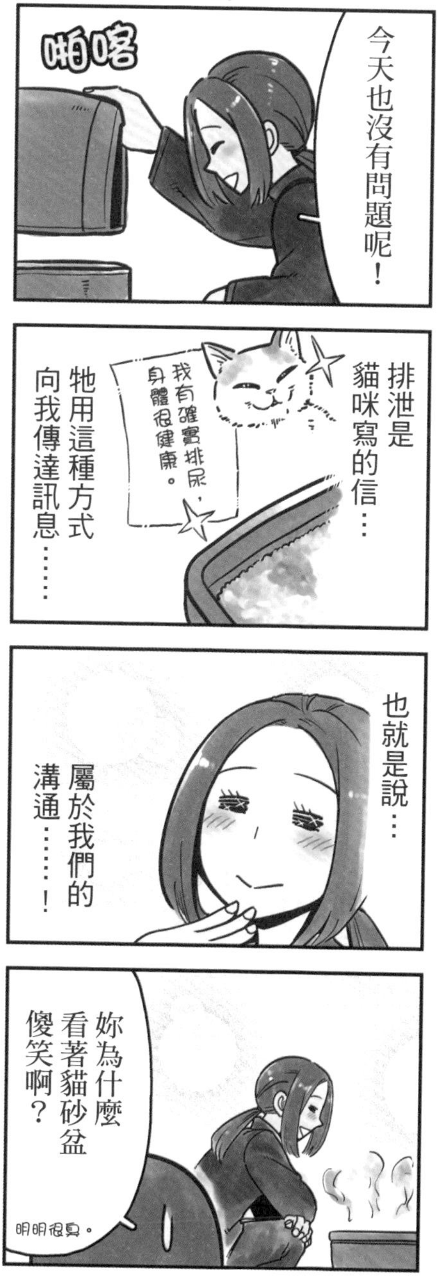
啪喀
今天也沒有問題呢！
排泄是貓咪寫的信……
我有確實排尿，身體很健康。
牠用這種方式向我傳達訊息……
也就是說……
屬於我們的溝通……！
妳為什麼看著貓砂盆傻笑啊？
明明很臭。

我回來了……
欸
好臭！
怎麼尿在毛毯上了！
你有什麼不滿嗎!?
廁所很髒之類的!?
我來把食盆清乾淨！
……
貓抓板也換新……
慌慌
張張
該不會……
是因為我不在而感到寂寞了嗎……!?

※咚（感動）

2-11 在貓砂盆外排泄可能是因為壓力

當貓在貓砂盆以外的地方排泄，首先要懷疑牠可能是對貓砂盆有不滿。再來就是要考量其它壓力因素，像是飼主長時間不在家、附近的噪音、家庭成員變化、飼養多隻貓等。最近還有一些有助於穩定貓咪情緒的方法，例如「紓壓保健品」或「貓臉部費洛蒙」等。

總結

首先要確認貓砂盆的清潔與壓力源。另外也可能是身體不適。

「紓壓保健品」是由一種名叫酪蛋白的蛋白質所製成，具有放鬆的效果。另外，「貓臉部費洛蒙」則是與貓咪臉頰和額頭所分泌的費洛蒙結構相近的香氛，貓聞了以後能感到安心。

牠排便的樣子好奇怪！
錄影！
喀擦
拍照！
攜帶實物！
感覺好像鑑識人員……！
證據全都蒐齊了呢……！
抓獲嫌犯！
護送前往醫院！

2-12 應攜帶異常排泄物前往醫院受檢

如發現混有血的尿液、黑色糞便或腹瀉……等，**就醫時除攜實際排泄物外，拍下剛上完時的狀態也有助於診斷**。另外，當發現排泄的樣子與以往不同時，則可以錄影留證。排尿中若出現閃閃發亮的結晶，就要懷疑可能是尿路結石。

總結

建議可以先拍照或錄下排泄時的樣子。

採集尿液時就不會弄髒手。

尿液也請攜帶實際液體前往，約0.5～1cc的量就夠篩檢。有些醫院也會提供寵物用尿液收集器。

獸醫小語

貓咪最喜歡能和飼主互動的居住空間

讓貓舒適生活的居住空間中，必須要有高處或狹窄處等貓能自己待著的地方。最近也有些飼主會在牆上加裝「貓踏板」作為貓階梯，或在天花板上安裝「貓步道」。

不過，最讓貓開心的其實是能和飼主互動的家。不管如何，家對貓而言是非常重要的場所，能和飼主待在一起是牠們開心生活的條件。

近年來也有許多貓漸漸開始把辦公室等職場當成住所，雖然不是在家裡，但也是有貓在這樣的環境下如魚得水，牠們能邊守候著飼主工作，邊待在溫暖的機器或文件堆上。然而，值得注意的是貓上了年紀後，身體機能會逐漸衰退，這時就必須重新安排家具配置，使橫向比縱向更容易移動，讓貓的生活更輕鬆。

第3章

了解貓的心情

如何分辨貓咪的心情

奶奶啊，
小咪喜歡愛梨嗎？
如果想知道小咪的心情，
就要觀察牠的全身。
當牠有在聽我們說話時，耳朵會轉過來。
如果是喜歡的對象，牠就會用身體磨蹭唷。

好~厲害！奶奶怎麼知道的？
呵呵……這個啊~
貓養了許多年後，就能漸漸看出貓的心情囉。
牠的心情？
就算貓不會說話，
牠也一定有很多想法。
我相信愛梨的想法，
也有透過行動傳達給小咪呢。
那麼，關於如何分辨貓的心情，
奶奶就偷偷教給愛梨吧！

3-01

碰鼻子是「打招呼」

貓的聽覺和嗅覺十分敏銳，**牠們的嗅覺分辨能力是人類的數萬到數十萬倍**。而貓也和人一樣很重視打招呼，在檢查貓同伴的氣味時，兩隻貓會互碰鼻子來確認彼此。此外，用鼻子緊貼人的手指或嗅聞飼主氣味等行為對貓而言也是在打招呼。

總結

嗅聞味道的行為是貓咪特有的問候方式。

你好嗎～？

用「聞氣味」代替問候。貓可以說簡直就是一種嗅覺型動物。

聽說牠們蹭鼻子是在打招呼。
總感覺好像在做那件事……
那件事是？
交換名片！

3-02 摩擦臉頰是「確認地盤」

貓咪蹭臉頰是對喜歡的人表達愛意的行為。蹭臉是為了「留下氣味」，目的在於標記。對貓咪而言，飼主也是領地的一部分。**貓會藉由沾上自己的氣味，來宣示那裡是屬於自己的空間**。早上起床後到處嗅聞、摩擦是貓咪每天的例行公事。

總結

定期磨蹭臉頰是為了鞏固地盤。

貓會在家裡四處蹭上自己的味道。外面也有些貓會來對人磨蹭呢。

啊哈哈
真是乖孩子～
舒暢
閃亮
明媚
舒暢
別忘了你還在線上會議唷。

3-03 喜歡撫摸是「因為很舒服」

貓非常喜歡被撫摸，怪不得牠們都有一身讓人忍不住想摸的蓬鬆毛皮。貓身上的每根毛都有連接神經，因此**當被撫摸時，便會刺激到副交感神經，達到穩定自律神經的放鬆效果**。另一方面，據說摸貓也能使人獲得舒緩情緒的效果。

總結

無論摸或被摸，雙方都開心。

好幸福～

摸貓時人也能感到喜悅，甚至有些人覺得用摸的不夠，還要把臉埋進貓裡「吸貓」。

3-04 凝視是在集中精神

當貓盯著飼主看時，**代表牠有所求，希望飼主「能幫幫忙」**。具體來說像是「希望能理我」、「想吃飯」、「想玩耍」等等。而貓有時也會凝望牆壁或某個空間，這時則可能是牠們陷入「放空」的狀態。

總結

貓盯著飼主是在表達需求或不滿、忌妒的心情。

緊盯……

貓凝視著空無一物的地方時，可能是牠們陷入一種精神集中的忘我狀態。

緊盯
這副深思熟慮的模樣……
到底在想什麼呢……
噹
也許根本
什麼都沒在想！
噹！

3-05

貓咪「很擅長」等待

躺倒
喔！
原來貓也擅長為了拍出最好的一張照片
耐心等待！

貓似乎是為了「等待」而生。**對於習慣伏擊狩獵的貓而言，有這樣習性一點也不奇怪**。牠們很喜歡在玄關等待飼主歸來，且就算「一個人吃飯」也不會感到寂寞。愛貓等待飼主洗澡或上廁所出來的行為特別討喜呢。

總結

貓有「等待」的特技。

只要是待在喜歡的地方，無論多久貓都能安靜等待。不過要是能見到飼主，貓咪會非常開心，這時不妨好好寵愛牠們吧。

3-06

呼嚕聲代表「很滿足」

貓咪的呼嚕聲無論對貓還是人都是溫柔又舒適的聲音。**在心情極佳且放鬆的狀態下，貓會發出呼嚕呼嚕的聲響。**這是貓透過喉嚨和鼻腔，發出血液流往胸腔時的震動聲。雖然也有貓會利用呼嚕聲來提升自我治癒能力等各種說法，但真正的答案至今仍不明。

總結

貓咪的呼嚕聲能同時療癒貓和人。

先攻
這是你喜歡的棉被唷！
後攻
摸摸很舒服對吧！
呼嚕呼嚕
我贏了！
輸了～
再比一次！
呼嚕呼嚕比賽
是我們家的遊戲

呼嚕
呼嚕
呼嚕

貓的呼嚕聲是20～50赫茲的低頻震動。發出呼嚕聲是貓科動物特有的行為。

3-07

貓會透過整理毛髮「穩定心神」

理毛是貓咪每天必做的事，總之牠們是很愛乾淨的時髦傢伙，且整齊的毛皮也有助於調節體溫。此外，據說用粗糙的舌頭理毛也有穩定情緒的效果。再來就是**貓不喜歡體表沾有陌生的氣味，因此會藉由舔毛去除臭味。**

總結

貓不停執著於舔毛，是為了消除陌生氣味，這時牠們會舔得心無旁鶩。

唰啦
唰啦
唰啦

理毛的動作對貓咪而言也是種轉移心情的「轉移行為」。

滑
落
噠
牠剛剛是不小心滾下來了吧？
唰啦
唰啦
牠在舔毛平復心情。
好可愛…
……
好像衣角被電車門夾住，
卻假裝沒事的上班族呢。

踏踏
踏踏
如果想要
有效活用踏踏的動作的話……
踏踏
踏踏
貓咪烏龍麵店
開張!!

3-08

踏踏的動作代表「很安心」

貓咪踏踏的動作是從幼貓時期就有的本能，**這不僅是為了促進母乳分泌的無意識動作，也是貓安心生活的象徵。**成貓的踏踏行為，則也可能是想用肉球把氣味沾在踩踏的對象上，以宣示「這是我的東西」。

總結

踏踏是貓感到安心時會出現的行為。

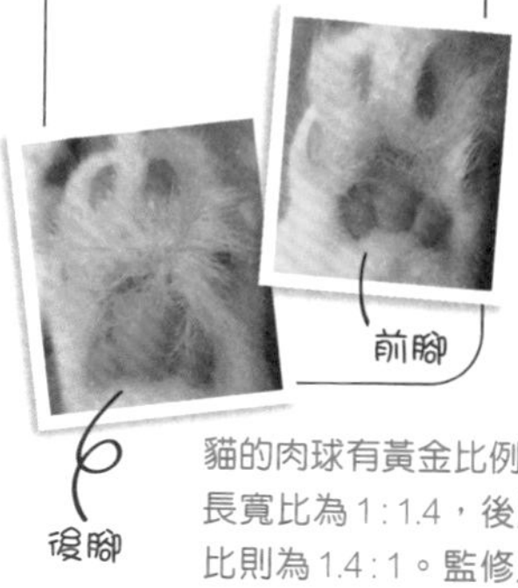
前腳
後腳

貓的肉球有黃金比例，前腳肉球的長寬比為 1 : 1.4，後腳肉球的長寬比則為 1.4 : 1。監修此書的野澤醫生認為，外觀美麗的肉球都符合這個黃金比例。

3-09

轉動耳朵是在「留意四周」

貓咪最倚賴的感官是優異的聽覺。牠們的左右耳朵能轉向不同方向，用以聽取獵物的聲音。貓的聽覺是人的6倍，更是狗的2倍之多。貓耳震動代表牠們正處於緊戒狀態。此外，當貓把耳朵倒豎成飛機耳時，是在表達憤怒的情緒；耳朵完全平貼則是「我認輸」的信號。

總結

貓會利用牠們傲人的聽力收集情報。

哈氣

生氣的貓會將耳朵後壓以進行威嚇。

牠很喜歡眺望窗外呢——
啊！
牠的耳朵轉過來了！
我的同班同學裡好像也有類似的傢伙……
是怎樣的人呢？
邊看窗外邊側耳傾聽的傢伙。

3-10 貓爬到腿上是「想支配」？

貓趴在人腿上是種肢體語言，且**貓是基於信任才會爬上去，因此這行為在野貓中很少見。**尤其當貓是面朝著人趴在腿上時，代表牠們想與你對話。然而，也不乏有支配、獨佔的意思。此外，當天冷想取暖時，貓也會跑來趴大腿。

聽說貓趴到大腿上，
代表牠們想支配你～
貓支配的國家
建國——

總結

被貓趴大腿時，就當自己被支配了吧。

正在感應中

即使趴在大腿上，貓的聽覺、嗅覺、鬍鬚等感官仍舊在全速運作，時刻敏銳地感知著飼主和周遭的動靜。

3-11 貓咪「討厭」被抱

基本上貓都不喜歡被抱，因為牠們會害怕不知道自己要被帶往哪裡。**如果把貓抱起後感覺牠不喜歡，就要立刻放下。**不過抱著的時候可以檢查皮膚，接受檢查或遇到災害時也需要抱住貓，因此建議最好還是要讓貓先習慣。

總結

貓不喜歡被抱。如果想這麼做，還請多多與貓咪溝通。

討厭……

抱著貓時請注意牠的耳朵，如果耳朵倒成飛機耳，就是明顯感到不快，這時請趕緊放牠走。

翻滾
哇啊！
牠在抗拒呢。
如果是養過人類小孩的我，
這孩子我馬上就能……

3-12

輕碰代表「注意我！」

貓咪不只會「喵喵叫」，還會以用前腳輕碰的方式呼喚。貓會明確表達自己有需求，首先有時候是「叫起床」，再來則可能是「跟我玩」、「理我」、「想吃飯」、「我上過廁所了」等等。**當貓過來輕碰時，各位不妨關注一下牠的感受吧。**

總結

貓咪輕碰是為了引起飼主的注意。

揮揮
嗯嗯……想吃飯嗎？
嗚嗚…好想睡…
再睡一下吧。
咚
揮揮
這次是說「讓我進棉被」？

揮揮
揮揮

有數據顯示，貓咪在輕碰時，公貓使用左手的比例比母貓高。

確保貓咪「吃喝、拉撒、睡」的三大自由

關於貓咪的身心靈保健，
有個概念叫「動物福利」。

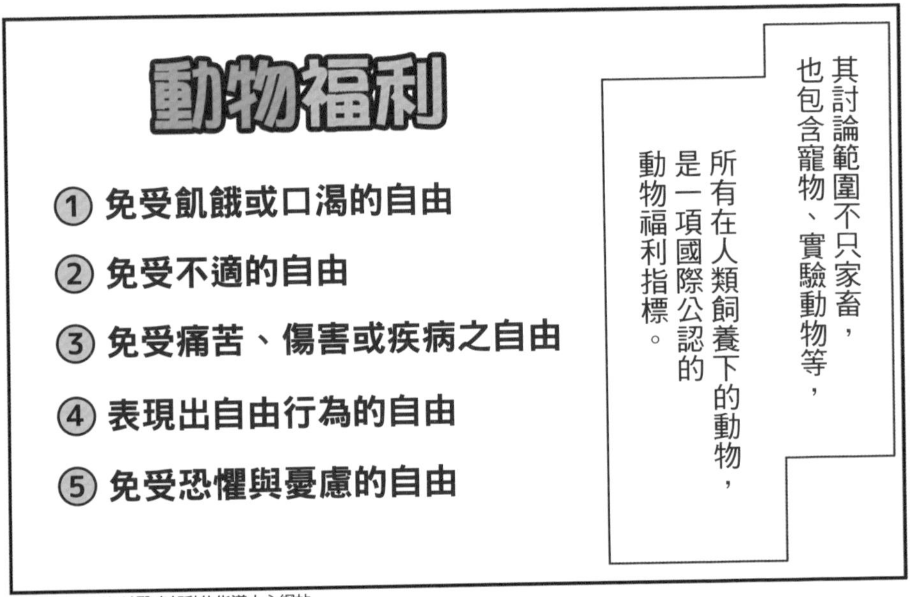
其討論範圍不只家畜，也包含寵物、實驗動物等，
所有在人類飼養下的動物，是一項國際公認的動物福利指標。
動物福利
① 免受飢餓或口渴的自由
② 免受不適的自由
③ 免受痛苦、傷害或疾病之自由
④ 表現出自由行為的自由
⑤ 免受恐懼與憂慮的自由

參考：埼玉縣保健醫療部動物指導中心網站

不過把這個概念套用在家養貓上時，
從現實層面來看有些不適用。
那麼，我們到底該符合哪些基準才好呢？
於是……

我發表了新的基準！
吃喝、拉撒、睡
吃喝、拉撒、睡的3大自由！
想吃的時候吃愛吃的東西，
能確保安全的情況下睡覺，
想上廁所時能在乾淨的地方，
舒適地排泄。
各位有沒有實現這些自由呢？
我認為這些就是貓咪身心靈保健
最根本的基準！

獸醫小語

愛貓大人們的玩心——「貓番付」起源於江戶時代的排行表

數年前，我號召成立貓番付編纂委員會，請相撲裁判替貓也寫一張「貓番付」。東橫綱「招財貓」、西橫綱「妖貓」，十兩「湯姆與傑利」；「收容貓」與「地方野貓」則名列幕下。另有裁判「貓村莊之助」和「貓守伊之助」、主辦人是「貓神大明神」。排行表中間的「蒙御免」日文讀做「GO MEN KO U MU RU」，涵義為已獲得幕府許可。

「番付＊」原本是在每場大相撲比賽前發表的一覽表，上面列有力士、日本相撲協會的大員、相撲裁判的地位等。然而從江戶時代起，這樣的排行表開始庶民間流行，以名勝、料理茶屋、知名美女、鰻魚餐廳、溫泉、報仇等為主題的各種「見立番付」（鑑定排行）大受歡迎。於是，現代愛貓的大人們決定承襲這項文化，製作一張貓番付。

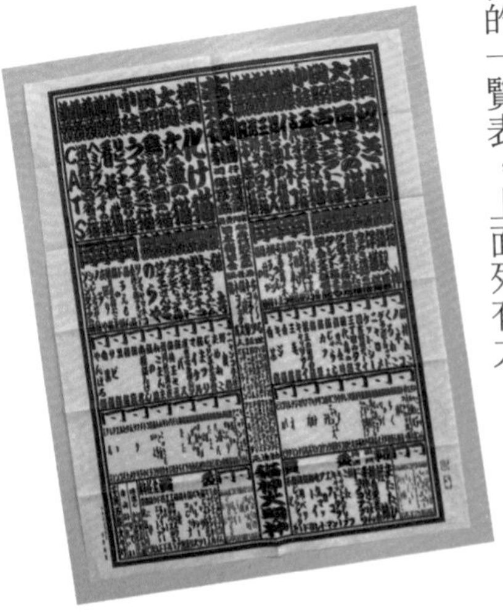

＊註：「番付」原本是相撲的排行，通常在比賽開始兩周前發布，東西橫綱、十兩、幕下都是排行的名稱。另外還會列出行司（相撲裁判）、年寄（日本相撲協會的大員）等相關人士。

第4章

認識貓的飲食

貓有不能吃的東西嗎!?

大家吃飯囉！
唰啦啦…
小咪、小鈴、紅豆過來——！
每隻都有自己吃飯的風格呢。
真的！
小咪是立刻狼吞虎嚥。
喀哩喀哩
鈴太郎不會馬上吃。
……
紅豆則是會剩一點，然後不知道跑哪去。
甩頭就走

我們也來吃吧！
啊！
紅豆一直想對蒸雞肉圖謀不軌……
嗅嗅
紅豆也知道淳平總會寵著貓呢。
哎呀？這蒸雞肉有撒蔥花……
啊，不行，別餵牠吃！
因為蔥對貓有害！

4-01 貓和人需要的營養素不一樣

回顧過去50年前，人們一般認知中貓食，是白飯淋上味噌湯後，再撒上一把柴魚的「貓飯」。之後，隨著營養價值極高的貓糧興起，貓的飲食生活開始逐漸變得豐富。

我希望從今往後的貓食不只有加工食品，而是能漸漸以使用天然食材的東西為主流。

人類的食物中有太多鹽分、糖分、油脂類和卡路里，最好不要餵給貓吃。此外，關於碳水化合物、蛋白質、脂質這3大營養素，人和貓所需的營養素比例並不一樣，貓的飲食特徵是必須要有大量蛋白質，以及較少的碳水化合物，原因在於貓的身體較不會分泌澱粉酶，所以較難分解碳水化合物等醣類，也就是說貓把碳水化合物轉換成能量的能力較差。乾食中也有些產品會利用穀物增加份量，**在購買貓糧時，建議也要留意原料**。

總結

貓需要的是優良蛋白質豐富的飲食。

在預先用微波爐加熱好的50g雞胸肉中，混入少許玉米，就是蛋白質多多的健康餐。其他蔬菜的話，也很推薦煮熟的白蘿蔔、南瓜、高麗菜和萵苣。

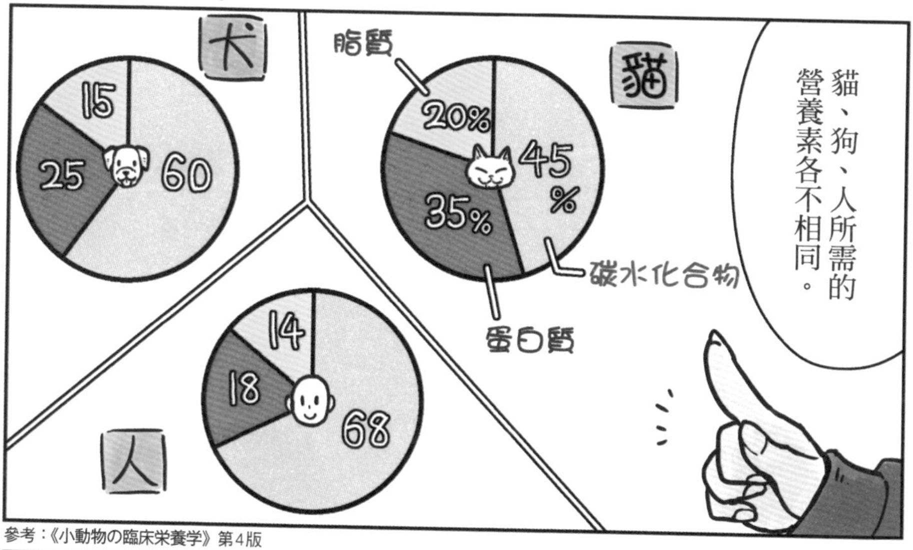

參考：《小動物の臨床栄養学》第4版

貓的各種 NG食物

有害的食物

洋蔥、青蔥、韭菜、蒜頭等洋蔥類

洋蔥類蔬菜中含有硫代硫酸鹽類化合物，它會導致貓咪罹患溶血性貧血，引發紅血球氧化性血尿。調理過的清湯、濃湯、牛丼或咖哩飯等也都很危險。即使少量也非常致命。

鮑魚和海螺

鮑魚、海螺的內臟毒素會導致貓咪耳朵壞死。

巧克力

巧克力中含有的可可鹼物質會刺激貓的中樞神經，導致心跳加速或眩暈等。

長期吃有害的食物

肝臟

貓若攝取過多的維他命A會出現骨骼變形等症狀。

添加物過多的飲食、點心

添加物已被指出有致癌的可能性。

魷魚、章魚和花蛤等

內含的硫胺素酶會破壞維他命B1，引發神經障礙。

※扇貝的柱肉OK

青魚

貓如果吃太多鯖魚、竹莢魚、沙丁魚等魚類，將導致體內的脂肪氧化，亦即黃脂症。

雞骨頭

縱向裂開的骨頭非常銳利，有可能傷及內臟。

生雞蛋

有感染沙門氏桿菌、大腸桿菌的風險。

生豬肉

可能感染弓形蟲。

百合科植物

薤、蘆筍、青葱、小洋蔥、紅蔥頭等。無論根還是花都很危險。

酪梨

內含的Persin（天然抗真菌劑）成分對貓有害。

酒精類

恐引起中毒。

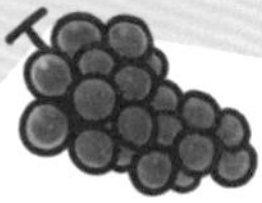

葡萄

有引發急性腎衰竭等重病的危險性。

咖啡因

大量攝取對貓有害。

胡椒、咖哩粉等香辛料

可能引發腸胃炎。

4-02 認識理想體型——調整飯量

貓的美學在於牠美麗的體型。然而，最近由於貓都養在室內，導致運動量不足、肥胖的貓咪有增加的趨勢。從上方確認貓是否有腰線是判斷肥胖的基準。**建議各位要定期幫貓量體重，同時留意適量飲食。**還有適度的運動也很重要。

總結

透過腰線判斷是否有肥胖問題。

家中有疑似肥胖的貓咪時，可參考本書第98頁的「讓貓認真玩起來的訣竅」，促進貓確實運動。

好！
我和小個子！
一起來減肥吧！
我們正在發放這款貓罐頭的試吃品！
難得拿到就吃掉吧。
只有今天唷，小個子！
卡滋 卡滋
這不就是典型的「減肥是明天的事」…
常見的藉口……

4-03 貓咪喜歡「奇怪的吃法」

貓喜歡從盤裡把食出弄出來「在外面吃」，或用前腳把食物「刨出來吃」。如果重量在貓體重的1/3以下，就會被貓叼走。若各位希望貓用餐具吃飯，**可以考慮加高食器，確保穩定性，並選擇夠大不會碰到鬍鬚的尺寸等。**

總結

適合貓的食器能增進食慾！

喀吵
是不是盤子不適合啊？
試著換個大小吧。
也換個不同深度的……
不覺得這個很漂亮嗎？
這個也很可愛呢！
結果牠選了那個……
便宜的托盤…

卡滋
卡滋
卡滋

貓並不會在意價格。就算是百元商店，也能買到方便貓進食的餐盤。

4-04

小貓要餵「幼貓專用奶」

如果撿到沒有母貓的小貓時，需購買幼貓專用奶。產後0～3週的小貓建議用滴管或奶瓶餵食幼貓專用奶。產後4周歲除幼貓專用奶外，還要加上市售幼貓用離乳食品。產後6～8週後則要減少奶量，逐步改餵幼貓用乾糧和水。

總結

奶水和食物都要選幼貓專用的產品。切勿餵小貓喝牛奶！山羊奶也OK。

啾啾啾

山羊奶的乳糖含量較少，成分與貓母乳類似，能安心餵食，當作幼貓的零食也沒問題。

啪噠
啪噠
不是牛奶的幼貓專用奶……
我喝牛奶也會喝壞肚子呢。
夥伴
喵

4-05 高齡貓要「吃得好」

食慾是精神的泉源。怎樣才能養出長壽貓？答案就是「讓牠吃愛吃的東西」，換句話說，**讓貓對吃東西有貪念是長生的祕訣**。建議各位要在吃的方面多下點功夫，例如加熱食材以刺激嗅覺，或是舉辦新貓食試吃大會，找出貓咪喜歡的味道。

總結

在飲食方面多下功夫，譬如加熱濕食以刺激嗅覺等。

吃得健康！

在針對長壽貓的問卷調查中，最常見的日常飲食是乾糧，自行製作的人則是餵水煮雞胸肉。

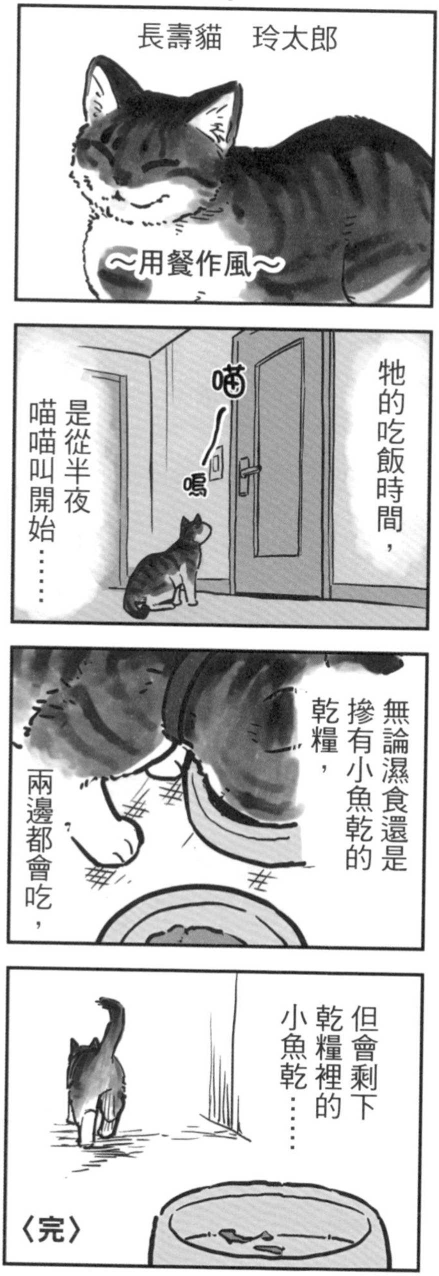
長壽貓　玲太郎
～用餐作風～
牠的吃飯時間，
是從半夜
喵喵叫開始……
喵
嗚
無論濕食還是
摻有小魚乾的
乾糧，
兩邊都會吃，
但會剩下
乾糧裡的
小魚乾……
〈完〉

4-06 豐滿體態是家養貓的煩惱

貓養在家中的優點是在安全的環境下能延長牠們的壽命，無須擔心貓咪受傷、遭遇意外和感染疾病，健康管理上更加輕鬆。另一方面，缺點則是生活在室內的貓有肌肉流失的傾向，而且運動量不足也會帶來壓力。**若飲食攝取的能量高於卡路里消耗量就會導致肥胖**。

貓的活動量會隨年齡和環境而改變，為掌握適當的飲食量，偶而要替貓記錄體重。測量時可抱著貓站上體重計，接著再扣除自己的體重會比較容易。

家養貓很常出現特有的肥胖、豐腴體型，加上年齡增長，肌肉也會隨之流失。如果貓都不運動且總是在睡覺，肌肉量就會愈來愈少且變得臃腫。

增加肌肉量能提升基礎代謝，促進血液循環從而提升免疫力，同時還有助於美容和抗老，因此**建議要透過運動和飲食控制來增加貓的肌肉量**。

總結

增加動態遊戲的時間，就能解決家養導致運動量不足的問題。

為了健康長壽，不只人類，這個時代的貓也要「練肌肉」，讓我們一起好好增肌吧。

牠最近好像胖了？
胖嘟嘟
話說我也是……
一起減肥吧！
小個子是不是在偷懶……？
你變成我的負重了欸

4-07 壓力可能導致貓咪食慾不振

貓是很敏感的動物。**如果食慾下降，首先要先替貓維持體溫。**有時候將食物加熱後，貓就會願意來吃。為改善食慾，飼主要試著尋找原因，例如環境是否與以往有所不同等。如果身體狀況有變化，就要帶往醫院就診。

總結

若發現貓咪食慾不振，要先確認環境或身體狀況的變化。

貓吃東西留下一點「剩飯」很正常，不一定是食慾不振。

牠沒有食慾呢。
帶去給醫生看看吧。
原因可能是壓力。
原來如此。
真的是……因為擔心這孩子，
我們也跟著食不下咽了。
你們倒是正常吃啊！

4-08

生病的貓可採取飲食療法

飲食療法是指根據專業指示給生病的貓投與康復食品，從而減輕症狀的療法。飲食營養成分和份量在製造時經過調整，因此跟藥物一樣必須由獸醫判斷是否投餵。**雖然網路和店面都能購買，但事前請務必前往動物醫院諮詢經由獸醫確認。**

總結

由非專業人士斷定是否進行飲食療法無法真正幫助貓咪。

對生病的貓來說，理解貓咪心情的「同理心」（不是將心比心，而是善解貓意）非常重要。

處方食品真不便宜呢。
喀哩 喀哩
好吃嗎？
吃個精光
舔嘴
為了這個好胃口，
我能更努力！

4-09 健康的貓也會嘔吐

貓咪嘔吐有些是正常現象，有些則有問題。正常來說貓會把理毛時吞入的毛球等從胃裡吐出來，有時吃太急也會不小心吐出來。**當貓把東西排出後，心情也會比較舒暢。**如果貓吐完後仍很有精神和食慾，那就沒有問題。但如果是在短時間內不停嘔吐，就要帶去動物醫院檢查。

嘔啊 嘔啊
牠在筆電前好像…
快吐出來的樣子！
如果流進鍵盤縫隙的話…
這時候就要拿報紙…
任務
啪
咳嘔
完成！

總結

貓咪嘔吐是為了排出蓄積的毛球，吐出後就神清氣爽了。

咳嘔

當貓出現作嘔的動作時，飼主會為了接住嘔吐物而飛奔……這是養貓的飼主們常遇到的事。

4-10 貓草能改善毛球症

毛球症是一種常見於健康貓咪身上的腸胃疾病。毛球通常會隨糞便排出，但有時也會囤積在胃部。當貓理毛的次數愈頻繁，累積在胃中的毛球就愈多。**為加以預防毛球症，可用刷子梳起以減少掉毛，或餵食貓草（牧草中的燕麥草等）促進貓咪順利嘔吐。**

總結

貓草是一種牧草，也是貓咪的胃腸藥。

美味的健康管理！

貓很喜歡禾本科的植物，有時能看到貓會去吃長在路邊的狗尾草嫩葉。

4-11 貓喜歡喝新鮮的水

家貓是從沙漠的亞非野貓進化而來。有時貓會蹲守在水龍頭前等水出來，彷彿水龍頭讓牠們想起了綠洲。此外，貓也能若無其事地喝下馬桶或魚缸裡的水。**不管新鮮度如何，如果貓能在牠們想喝的時候盡情暢飲，那就對了。**

總結

比起新鮮度或味道，貓好像更重視喝水的趣味性？

啪啦
啪啦

貓有時也會偷偷從放置在桌上的杯子中補充水分。

哦！
水出來了！
啪啦
嗯～好好喝！
果然要這一味！
啪啦
啪啦
而且這玩意兒好有趣——！
永無止境地冒出來呢！
啪啦
真是太好玩啦——！
別做奇怪的配音啦。

4-12

喝多尿多有可能是生病

如果貓出現喝多尿多的情形，就要懷疑可能是得了腎臟疾病或糖尿病等。**清掃貓廁所時，應確認寵物尿墊的重量或貓砂結塊，如果份量明顯增加，就是有尿多的狀況。**由於喝多尿多是疾病的徵兆之一，並不能靠「抑制喝水量」來解決，應盡速帶去給獸醫檢查。

總結

尿多是疾病的徵兆，如有發現就要馬上前往動物醫院就診。

最近有款收費系統，使用方式是在貓砂盆底下方擺放計量器，當貓上完廁所後，就能透過手機確認排尿、排便的量和頻率。

好大的結塊！
該不會是尿多的狀況……！
可能要去醫院檢查比較好……
啊！抱歉抱歉！
？
我打翻了花瓶的水。
愛麗剛剛大暴走…
呼
真讓人誤會啊……

思考餵養流浪貓的問題

最近公園出現了流浪貓……
禁止餵養流浪貓
○○公園
牠邊叫邊跟著我，
喵——
感覺好可憐。
不如我下次帶貓食去餵吧？
不，
我覺得別這麼做比較好。
欸——？為什麼？
我想幫助牠們……
不不，我們只是路過的人，
但也要替住在那邊的人們著想。

如果有貓糧，貓就會認為那裡是餵食場所而開始聚集過來唷。
如此就可能會引發異味、糞尿髒污等公共衛生方面的問題。
而原本生活在那裡的小動物若遭野貓捕殺，則會對生態系造成影響。
再來若是沒有徹底落實結紮等措施，還會衍生流浪貓不斷增加的問題。
我沒想到那麼多……
有些志願者會以「地方野貓」的名義照顧這些流浪貓，
像是協助牠們結紮等，而且一做就是十幾年。
我想有基於這種善意的活動，或許就已足夠……？
我們首先能做的就是「努力忍住」。
能踏出理性的一步，
也許才是幫到這些貓呢！

獸醫小語

在貓食上點綴各種食材豐富貓咪的飲食生活

貓現在的主食一般是以市售貓食為主，其材料變化多端十分豐富，單就營養來看，綜合營養食品已非常足夠，但總覺得不夠是飼主們的人之常情。這時，我建議可在貓食上，額外添再加水煮雞胸肉、蝦子或生魚片，相信貓咪一定會邊滿意地發出喵嗚喵嗚叫聲邊大快朵頤。

順道一提，在誘捕流浪貓時，我偶而會用日式炸雞作為誘餌，且根據我的經驗，有不少貓咪都很喜歡高湯雞蛋捲，雖然這些內含鹽分的料理我不太推薦，但它們好像很和貓的胃口。

若您家裡有隻會爬上餐桌的貓，那牠絕對是隻健康的貪吃鬼。我想「用心準備餐食」也是和貓咪的愉快互動。

第5章

貓咪喜歡的互動方式

有動有靜　貓咪喜愛的玩法

不小心睡到中午了……
睡得真飽！
嗯？
揮
揮
小個子來玩吧！
咻
咻
啊……
變得心無雜念好療癒……
10分鐘後
手臂也瘦了。

接下來是想過來討摸嗎？
……
仔細想想我在外工作的時候，
小個子也總是待在家中……
和我待在一起的世界就是牠的全部了呢……
負責小個子身心健康管理的，
也只有我了……
和貓要怎麼玩，
才是最好的方式呢？

5-01

一天花15分鐘和貓玩耍

健康照顧方面，家養導致運動量不足是大問題。缺乏運動不僅身材肥胖，就連骨骼、肌力也會跟著衰弱。短毛貓1天需要15～20分鐘，長毛貓則需要10～15分鐘的運動時間。正值貪玩年紀的幼貓甚至可在不同時段分次進行。此外，玩具不一定要用買的，也可以自行製作。

過了10分鐘……
過了15分鐘……
過了20分鐘……
你已經累了嗎？
這是貓反過來在陪人玩吧!?

總結

建議觀察貓的狀態，找出符合其性格的玩法。

蠕動
蠕動

能讓貓玩耍的道具有很多，譬如把T恤鋪在紙箱上的「貓帳篷」，或是把貓食放入開孔寶特瓶中的「貓咪益智遊戲」也就是所謂「藏食玩具」等等都很有趣。

5-02 出拳、踢打、飛撲是基本玩法

這是激發貓咪狩獵本能的玩法。對於數個月大的幼貓來說，玩耍也是「狩獵」的訓練，牠們能在玩的過程中學到狩獵技巧。不過這種遊戲會讓貓變得非常專注，因此飼主偶而會被當成狩獵對象。**這時還請不要生氣，只需轉移貓的注意力即可。**

總結

向飼主展現技能也是貓的天性。

踢踢踢

貓有時會用前腳按住，然後使出貓咪兔子踢的絕技。當貓太過興奮而讓人感到疼痛時，可稍微大聲點表示「不行」、「很痛」，告訴貓咪不能咬人。

出拳
踢打
飛撲
太可愛了吧……
飼主的心也被捕獲了……
抓

※心動

5-03

貓咪半夜開運動會是出於本能

貓是仍留有野性的動物，夜行性的牠們總習慣在傍晚和黎明時段狩獵，也因此貓晚上有時會突然開始在房裡全速亂竄，而這就是**俗稱的「半夜運動會」，是貓咪釋放壓力的行為**。如果貓影響到睡眠，不妨就乾脆起來陪牠玩吧！

總結

貓咪開運動會代表牠還年輕，這時牠們會一直處在高度集中的狀態。

建議改變家具配置，或設置貓跳台，讓貓咪運動會更精彩。

5-04

不要用手逗貓玩

貓對玩具的喜好會隨成長而改變，但能刺激牠們野生狩獵本能的狗尾草&跳躍一直都是貓最愛的玩法。即使對象是玩具，貓也非常認真。不過，**如果在幼貓時經常用手腳去逗弄，貓就會把手腳視為攻擊對象，所以一定要使用玩具**。

總結

請務必使用玩具玩耍，免得貓把人的手腳誤當成獵物。

到了秋天，禾本科的狗尾草便會冒出修長的小穗，雖然這是成分天然的玩具，不過有些貓會因過於興奮而一口咬下去，玩的時候要小心別讓貓吞入。

貓咪喜歡被摸的部位

與「動態」的遊戲相比，靜態的「撫摸」有助於保養貓的心靈。貓是喜歡肢體接觸的動物，而且貓的皮膚也是一種感覺器官，能在被人撫摸的時候感受體溫和氣味，從而加深對飼主的愛意。

大部分的貓都喜歡被摸的部位

因貓而異的部位

大部分的貓都不喜歡被摸的部位

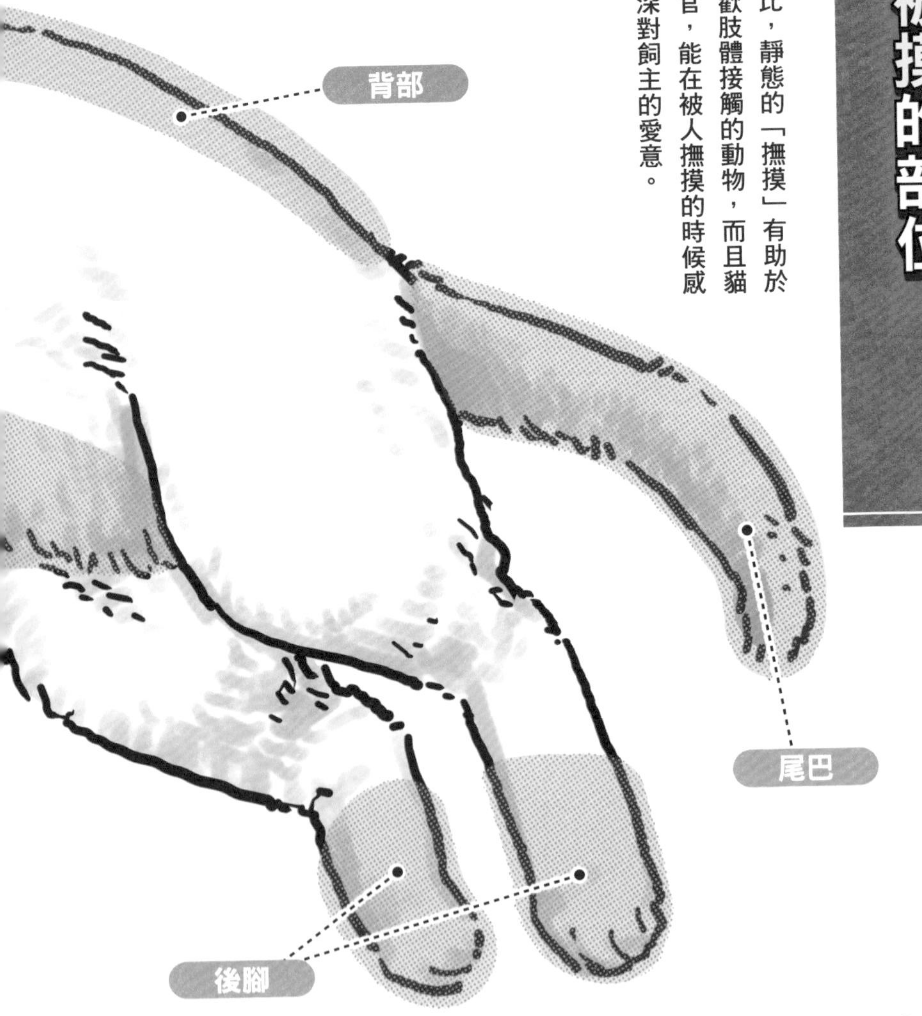

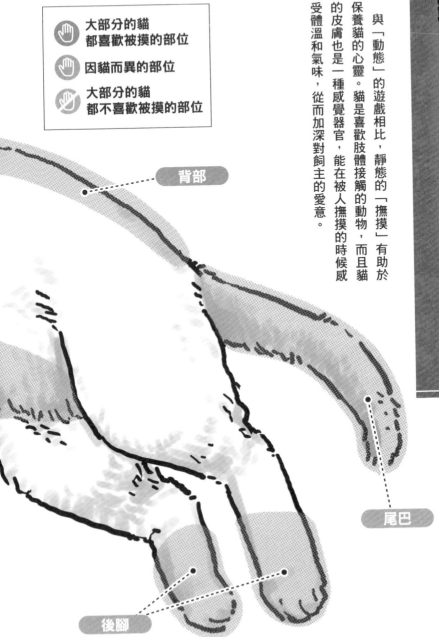

耳朵後方
頸部周圍
耳朵內側
額頭
鬍鬚
下巴
前腳
肚子

也可變換各種撫摸方式

不光只是用手摸，也可以用刷子邊撫過邊梳毛，或者嘗試以揉、捏、畫圓按摩等方式撫摸。

5-05

讓貓認真玩起來的訣竅

大約在1歲前，就算只是揉成一團的鋁箔紙，任何玩具都能讓貓玩得不亦樂乎。**但成貓以後，就必須有技巧地讓玩具看起來像真的獵物。**操縱時可模仿真實老鼠或昆蟲的動作，自己在心態上也要完全變成獵物。此外，對聽力極佳的貓咪來說，動作再搭配一些沙沙聲也能有不錯的效果。

總結

操縱玩具時，請把自己當成是老鼠或昆蟲等獵物。

啊哈，我抓到啦！

遊戲結束後要把獵物交給貓，讓牠們能沉浸在成就感中。

要像老鼠般……
操縱玩具……
唰啦
我是老鼠……
身體要更小……
這也太入戲了吧？

5-06
貓需要散步嗎？

最近考量意外事故等風險，養貓大都建議完全養在室內。不過貓其實很喜歡外面的刺激，如果是喜歡散步的貓，就可以繫上牽繩帶出去散步。相反地，**若強行帶貓去散步反而會徒增壓力**，通常只要室內有能眺望外面的地方就已足夠。

總結

散步不能違反貓咪的意願，否則會造成恐慌。

小步
小步

直至約50年前，沒牽繩的貓在外面自由地昂首闊步是很常見的景象。現在偶而也會看到。

我們家的孩子，
是不是也要把牠帶出來散步比較好啊……？
懶洋洋
瞧牠放鬆的模樣……
感覺牠這樣就已經很滿足了呢。

按貓的性格來決定互動方式

各位可能有所不知，
貓有各種各樣的個性。
例如，
關於遛貓
通常貓都不喜歡被繩子牽著走，
討厭被束縛
活動不自由
我有一位熟人很嚮往把貓牽著遛，但實際帶出去走了以後才發現，
貓非常討厭這樣，遛貓的過程一點也不開心。

然而，所有貓都討厭被牽著遛，
這是真的嗎？
那倒也未必。
我以前就曾在銀座看到有貓很自然地被牽著遛，
俗話說一樣米養百樣人，
貓也是如此。
雖然大部分的貓都討厭洗澡，
但也是有喜歡洗澡的貓，
最重要的是要尊重貓本身的個性！

5-07 多養幾隻讓貓有玩伴

貓基本上是個人主義的動物，但如果多養幾隻不僅能產生互動，還能增加運動量，何樂而不為？而且飼主還能感受身處幼兒園的氣氛。不過，如果貓咪彼此性格不合可能會有壓力，或發生爭搶地盤的狀況。**各位可在考量住家狀況和經濟能力後，再決定要不要多養。**

總結

飼養多隻貓時，重要的是牠們彼此能不能合得來。

ZZZ
打呼—

雖然手足、親子一起飼養時，通常關係都不錯，但也有合不來的例子。

我有個朋友家裡養了很多隻貓。
嗯。
因為是親手足，個性很合，
關係良好
幾乎很少有什麼麻煩事。
人類兄弟姊妹之間倒是很常吵架呢。
年輕時候…
與貓相比，人類真是愚蠢啊……
這感嘆的範圍也太大……

5-08 其他動物也能成為玩伴

有些人可能會擔心讓貓和其他動物一起生活，但**如果是在幼貓時就接回家，也是能和原住的狗狗等培養出良好的關係**，相信牠們一定能成為好麻吉。另一方面，由於貓有狩獵本能，小鳥、倉鼠或金魚等小動物會成為牠們的「狩獵對象」，絕對要避免養在一起。

總結

幼貓也比較容易自然地為其他動物所接受。

同伴愛

相對於生活在地面上（平面）的狗，貓除了在地面外，也會在高處生活，兩者所需的環境有高度上的差異。

護理長家裡是貓和狗養在一起嗎？
沒錯——
牠們感情好嗎？
還是會吵架呢……
安靜——
感覺就像是沒說過話的同事。
確實有這種人…
我有遇過。

5-09 搶先一步也是貓在玩耍

貓有總想走在飼主前面的習慣。和貓一起生活時，各位可能會發現當門一開，貓就會插隊搶在前頭。有時牠們還會跟在腳邊，害人差點跌倒，但這些都是**貓預判了主人的行動，而想要帶路的行為**，原因則是貓咪想邊玩鬧邊和飼主待在一起。

總結

插隊是貓在玩耍，還請小心別把貓關禁閉。

嗒！
同伴

貓和人之間不會形成上下的主從關係，而是以「貓夥伴」態度與人相處。

喀嚓
鑽入
你是什麼時候！
總覺得牠好像一臉得意……

5-10

高齡貓「只需陪伴即可」

長壽貓之間的共通點是「行動自由」、「愛吃」、「貪睡」，換句話說**貓過著像貓的生活，就能長壽**。壓力則是高齡貓最大的敵人，有能和家人一起安穩生活的時間和場所，對牠們來說就是好的環境。

總結

高齡貓和年長者一樣，只需陪伴就已足夠。

打盹
打盹

當貓咪上了年紀後，不僅生活步調放緩，活動和代謝量也都會逐漸下降，這時飼主就需多留意讓貓咪運動以增加肌肉量。

牠不再往高處跑，
這是上了年紀了吧。
啪咚
但牠一樣會在這裡睡覺呢。

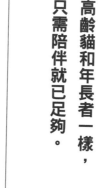

穿衣打扮要看每隻貓的接受度

爸爸，看看這個！
貓穿著衣服呢！
是貓的角色扮演服啊！
在賣萬聖節和聖誕節用的服飾欸。
也有「不良貓」這種角色呢。

好像是讓貓穿上衣服後，坐著從正面拍照呢。
嘿！我們家的貓也能玩角色扮演嗎？
嘗試買了幾套。
喔！紅豆的表情一臉正經！
哇！小咪已經脫掉了！
嗐
牠不喜歡的樣子。
最重要的是貓本身能不能接受呢。
鈴太郎堅決不肯穿……
這是不能強求的呢。

獸醫小語

出門旅行不在家時 最多能讓貓單獨留守兩天

旅行或有事外出時，貓不像狗一樣能輕鬆帶出門，於是飼主就必須考慮看是要「讓貓看家」、「託人照顧」或是「寄放在貓咪寵物旅館」。一到兩天的話貓還能獨自看家，但若三天以上沒人在，貓就太可憐了。當長期外出時，就建議要把鑰匙交給照顧者，讓對方能來家裡餵食和清理廁所，或是寄放到貓咪寵物旅館。

而如果想帶著貓一起旅行，最近也是有能和貓同住的旅館；大眾運輸也只要把貓裝籠，就能作為隨身行李一同搭乘。此外，航空公司也有承接寵物託運的服務。但無論如何，移動都會給貓帶來壓力，因此對貓來說最好還是有人能留在家裡照顧。

第6章
貓咪的生活、性和疾病

養貓是自私還是幸福呢？

喵嗚嗚嗚
哇！又來！
愛麗最近都會發出奇怪的叫聲……
這該不會是……
嗯……我覺得是發情，
看來差不多得帶愛麗去結紮了。
欸……可是養在家裡，又不會遇到其他的貓，
身為同性的我覺得很難受……
不能懷孕感覺好可憐……
不能選擇不動手術嗎……？

如果是男孩子的話，不只會亂叫，還會開始撒尿做記號。
體味也會變重
當然我也會忍不住去想若換作是自己的情況，
但是……
人們養貓就某種意義上來說，本就是為了我們自己，
也就是說我們掌握了這孩子的貓生……
但也正因為是家人，
對於貓的性和疾病，
我們才更該了解呢！

6-01

最好要有位什麼都能諮詢的獸醫

選擇動物醫院時，必須要確認「院內是否乾淨」、「是否有說明治療計畫和治療費用」、「非專業領域會考慮轉診」、「醫院離家近」等事項。不過，**最重要的是選獸醫，合不合非常重要。**最好要選對貓和飼主都很親切，什麼事都能諮詢的獸醫。

總結

選擇能長期配合且值得信賴的獸醫。

好獸醫的重點❶
院內整潔！
好獸醫的重點❷
說明詳盡！
好獸醫的重點❸
會協助考慮轉診！
好獸醫的重點❹！給人的感覺很好！
居然自己說

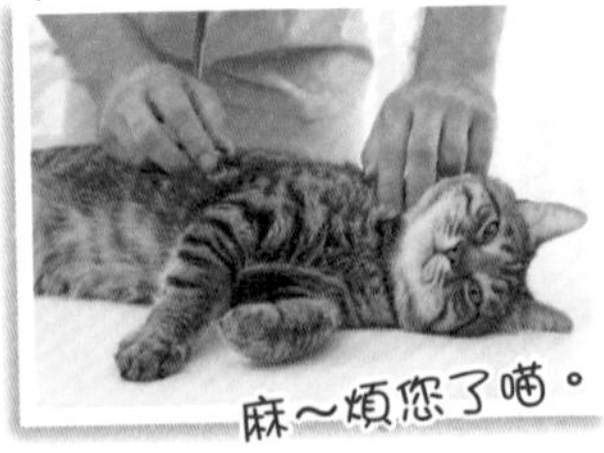
麻～煩您了喵。

轉診是指由家庭獸醫介紹轉往專科獸醫接受治療。

6-02

不結紮可能導致的問題

母貓施行結紮手術的最佳時期，是第一次發情期到來前的出生後6個月大左右。發情的母貓會發出獨特的低沉叫聲，如果直接出門就有可能懷孕。**公貓動結紮手術的時間也是出生後約6個月大左右。**公貓發情時則是會到處噴灑臭味特殊的尿液（做記號），令人十分困擾。

總結

若不替貓結紮，就會出現許多令人困擾的行為。

有報告指出，母貓結紮能降低80％發生乳腺腫瘤的機率。結紮能讓貓和人的生活更順遂。

6-03

飼養小貓時的注意事項

接小貓回家的最佳時期是出生後7到8週以後，各位可以此作為領養或購買時的基準。迎接小貓時必須要準備的東西有廁所用品、幼貓食品、飯碗。提回來的外出籠則可直接當成睡床，在裡面擺入沾有小貓自己味道的毛巾，就能讓牠們感到安心許多。

總結

迎接貓咪時，要連同帶有貓自身味道的毛巾和貓砂一起接收。

這個味道好安心♡

把用過的貓砂放入新的貓砂盆後，小貓馬上就能認出那是上廁所的地方。

倚靠…
有自己的味道就會感覺很安心呢。
話說這就好像
從旅途歸來後…
呼…
會覺得還是自己家裡的棉被最讓人放鬆呢。

6-04 流浪貓的壽命約4~5年

流浪貓只有4~5年的壽命，因為牠們的生存競爭和生活環境都很嚴峻。不僅吃飯要靠狩獵，也沒有能安睡的地方，還必須忍受夏熱冬寒。然而，如果有人把牠們收編，或願意以地方野貓的名義加以管理，也是有流浪貓能活到10年以上。但也是有貓咪生性孤獨，不願受管束。

遭遺棄的小貓，
連覺都睡不好……
邋遢
不過……
如果有人撿到的話……
你也是……
靠近……
孤獨一人嗎……？
抱緊……
好戲劇性……
我居然目擊了貓命運改變的瞬間！

總結

就算是流浪貓，只要有人照顧也能很長壽。

如果流浪貓被人收編，牠們的命運將發生很大的改變，收容所的領養大會在這方面扮演的角色愈來愈重要。

小笠原群島上過於優秀的獵食者

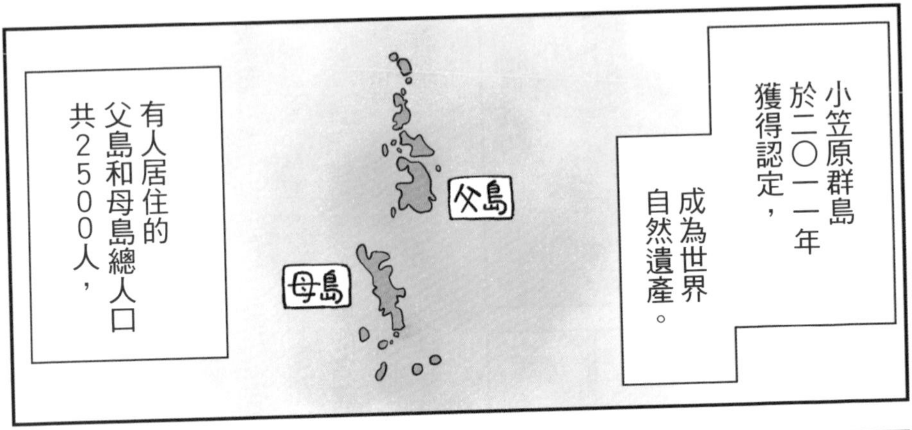
小笠原群島於二〇一一年獲得認定，成為世界自然遺產。
父島
母島
有人居住的父島和母島總人口共２５００人，

地處亞熱帶且地理上與外界隔絕的這座島上，
黑林鴿
小笠原繡眼
白腹鰹鳥
進化出了世上獨一無二的原生物種。

然而近年來這些原生的野生動物，
當地知名野貓——麥克
受到流浪貓咪的影響，正遭逢瀕臨滅絕的危機。

於是制定出條例來捕捉流浪貓，
捕捉
送往島外
東京的
動物醫院
治療受傷或疾病
或採取替牠們結紮以抑制繁殖等措施，
自然地減少野貓數量，
如今原生物種的數量也正逐漸復甦中。
不過野貓的繁殖循環非常迅速，
山
在醫院已習慣人類的貓咪們
尋找新飼主
只要山中的野貓沒有清零，
生活在小笠原的野生動物們的危機就無法解除。
貓雖然可愛，
會抓老鼠所以很受歡迎！
但牠們也是優秀的獵人
因此會對生態系統造成重大的影響。

在家就能做的健康檢查

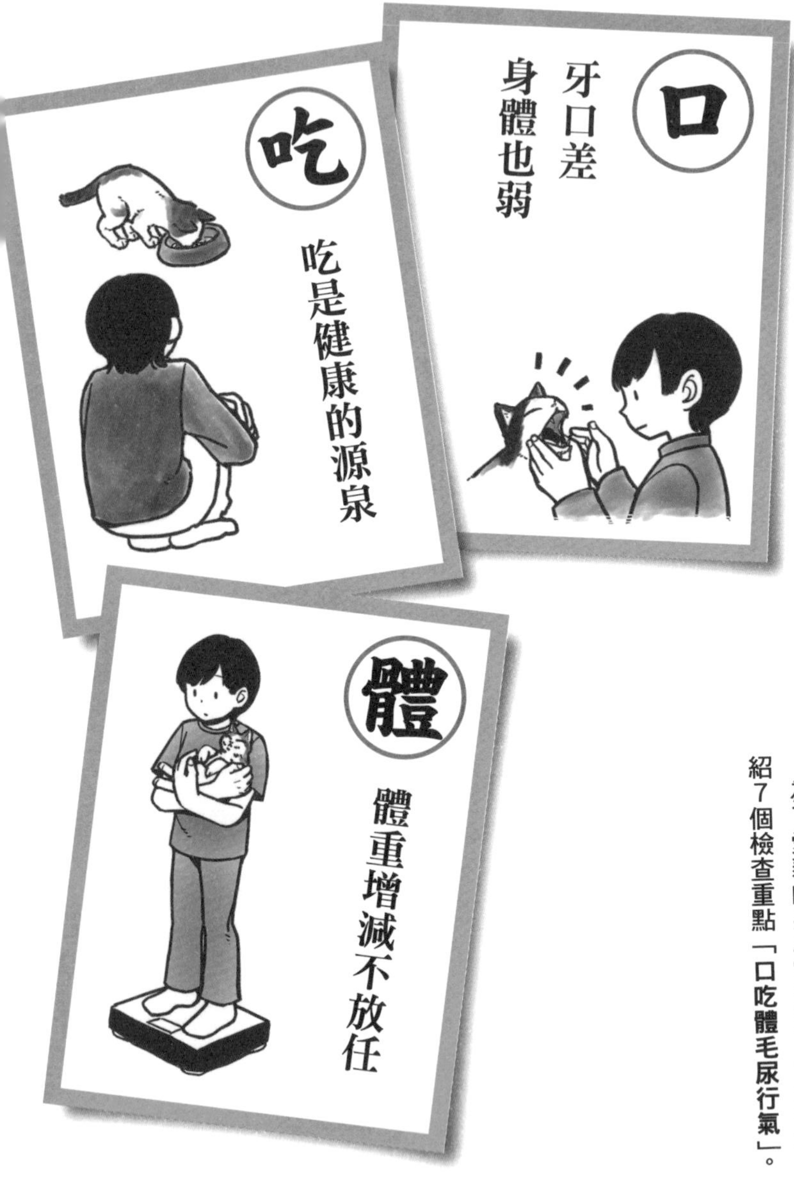
口
牙口差
身體也弱
吃
吃是健康的源泉
體
體重增減不放任

就算生活在一起，若疏於與貓進行肢體接觸或心靈交流，就很難發現貓有異常。

為了愛貓的身心靈保健，本章將介紹7個檢查重點「**口吃體毛尿行氣**」。

尿
尿量次數勤確認

毛
毛皮狀況看異常

氣
氣亂飄臭
不健康

行
行為異常早發現

6-05

有些異常行為對貓來說很正常

舉例「異常行為」來說，有時源於貓砂盆問題或泌尿異常，有時則是因壓力而不斷固著反覆相同動作。此外，忽然昏倒或痙攣、行為變得具攻擊性的甲狀腺機能亢進，或者毫無反應亦是。**有些不一定是生病，可能只是習性不同，或是鬧彆扭，應仔細體察貓咪的情緒。**

總結

請理解貓和人有不同的習性。

噴灑

貓咪磨爪或撒尿做記號等行為對人來說或許很奇怪，但這些都是出於習性的行為，還請理解牠們的天性。

有磨爪和
撒尿的痕跡！
又是野貓!?
為什麼牠們會做這種事呢…
如果想成是人的話…
啪喀
你剛好處於誰碰你誰就受傷的叛逆年紀啊……
我也有過。
確實曾是那樣呢。

6-06 注意貓傳人的疾病

有些疾病會由貓傳染給人類。例如感染「貓抓病」後，3到10天會出現腋下淋巴腫痛的症狀。若被「貓蚤」咬到則會發癢。而近年來備受注目的是「發熱伴血小板減少症候群病毒（SFTS）」，這種病是以蜱蟲為媒介且致死率相當高。

總結

應經常保持貓咪與飼養環境的清潔並勤洗手。絕對不要親貓或用嘴餵貓。

懷孕中的人必須要小心以免從貓的排泄物中感染「弓形蟲」，只要清潔環境並確實洗手就能預防感染。

要保持清潔，
才能避免貓傳人的疾病呢。
呼嚕 呼嚕
打盹 打盹
被貓傳染睡意，
啪嗒
應該沒關係吧……

6-07

就醫時應使用外出籠

帶貓前往醫院時，有個觀念是要先對貓進行身體照護訓練，讓牠們更容易接受檢查。而作為訓練的一環，**平時就要把外出籠放在房間角落，好讓貓咪適應它是一個能待著的地方。**

總結

不只在上醫院時使用外出籠，而是從平時就要讓它成為貓會待著的地方。

我喜歡這裡♡

身體照護訓練（Husbandry training）是一種教動物做出特定姿勢或行為的訓練，目的是為了讓動物健康管理或疾病治療等能盡量安全地進行，在動物園和水族館都有採取這樣的訓練。

喀噠
預感
來去醫院囉！
巧妙地察覺到了呢。

6-08 身為獸醫建議應施打疫苗

在日本，貓的疫苗施打率為25%，這與歐美的70～80%相比是相當低的數字。**我希望所有貓都至少要施打貓疱疹（病毒性鼻氣管炎）、貓卡里西病毒與貓泛白血球減少症病毒這3種疾病的混合疫苗**，因為這些疾病即使家養也有可能遭間接感染。

總結

成長時沒喝到初乳的小貓建議就要接種疫苗。

會有點痛唷

對貓來說，比起打疫苗更可怕的是巨大的噪音。特別是剛接種完的貓一定要讓牠們待在安靜的地方。

牠都沒有失控，真了不起——
謝謝您！
我回來了——
哈氣
嗡——！
比起打針，你更害怕吸塵器呢。

6-09 讓貓吃藥的訣竅

貓咪藥物的類型有錠劑、膠囊、散劑、糖漿，而讓牠們乖乖吃藥的技巧，首先是不能讓貓看到藥，其次則是將藥物包入濕食、貓喜歡的食物或餵藥輔助食品中，或使用針筒狀餵藥器。另外，也可將藥物混入液狀零食中，接著抹在貓的鼻頭，如此一來牠們就會自己舔掉。

總結

藥物的型態多種多樣。如果貓咪無論如何都不願意吃藥時，可諮詢獸醫。

我舔

如果是錠劑，可詢問獸醫是否能磨碎。若貓很抗拒，則建議跟獸醫討論是否能換藥。

如果貓討厭吃藥，
這個時候……
可以把藥弄碎後混入點心中，
輕放
然後放在鼻子上！
我舔
謝謝你幫忙把藥磨碎，
接下來就交給我吧！
舔
妳這是在享受吧？

6-10 調查高齡貓的就醫狀況

18歲以上高齡貓的問卷中顯示，每年醫藥費「2萬日圓以上」者就占了4成。最常見的疾病則為腎臟病、癌症、心臟病等，其他還有失智症的老化現象。有多少隻高齡貓，就有多少種疾病跟照護方式，但無論如何**健康的飼主絕對是貓咪健康的根源**。

總結

超過10歲的貓
建議每年定期做1次健檢。

有了飼主的身心照顧，貓就能長命百歲。

根據問卷調查
每年醫藥費低於5千日圓的
高齡貓也有2成。
健康的貓也很多呢。
不喜歡去醫院的高齡貓也能算健康……嗎？
牠一看到外出籠就躲起來……

各位知道狂犬病也會傳染給貓嗎？

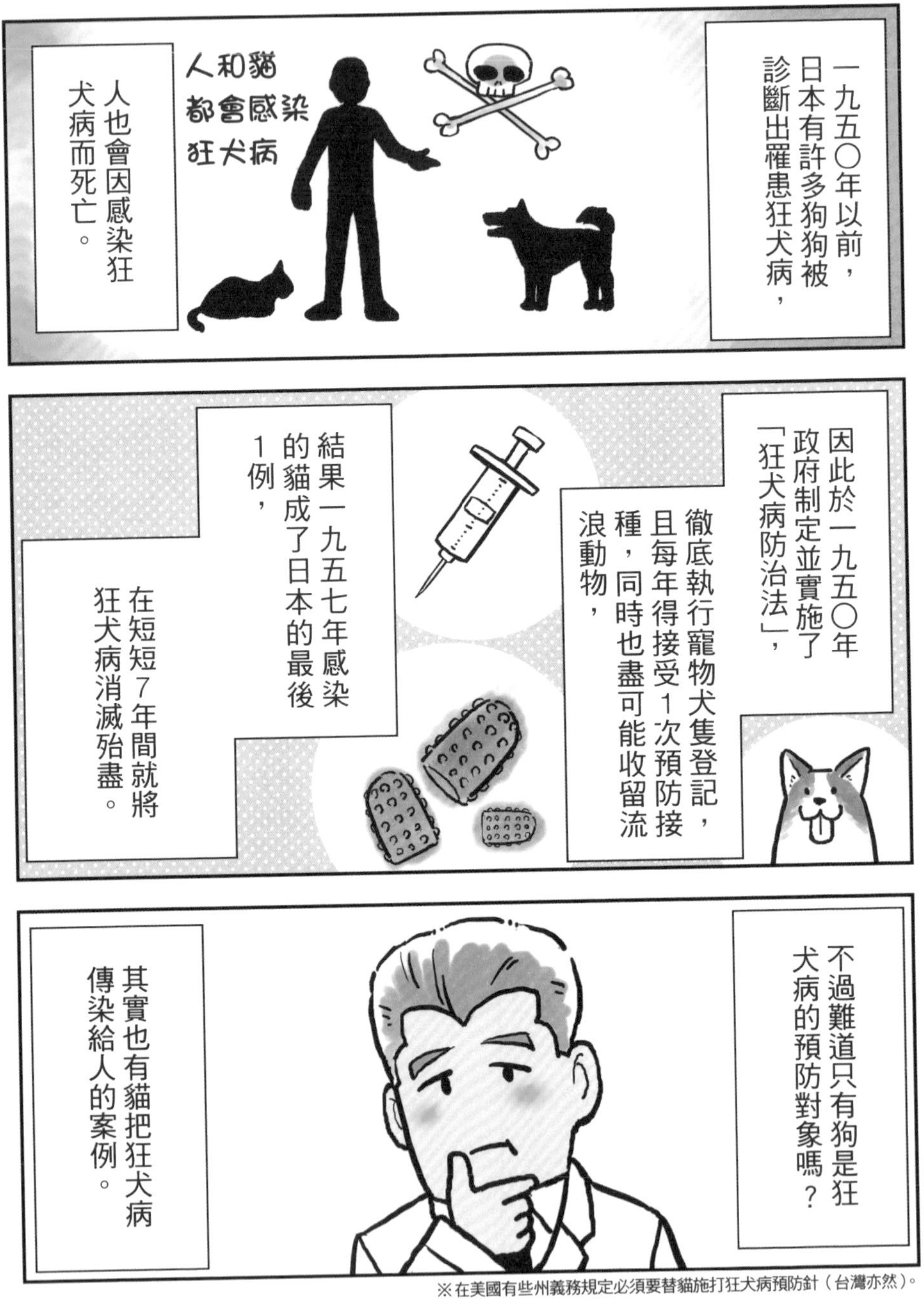
一九五〇年以前，日本有許多狗狗被診斷出罹患狂犬病，
人和貓都會感染狂犬病
人也會因感染狂犬病而死亡。
因此於一九五〇年政府制定並實施了「狂犬病防治法」，
徹底執行寵物犬隻登記，且每年得接受1次預防接種，同時也盡可能收留流浪動物，
結果一九五七年感染的貓成了日本的最後1例，
在短短7年間就將狂犬病消滅殆盡。
不過難道只有狗是狂犬病的預防對象嗎？
其實也有貓把狂犬病傳染給人的案例。

※在美國有些州義務規定必須要替貓施打狂犬病預防針（台灣亦然）。

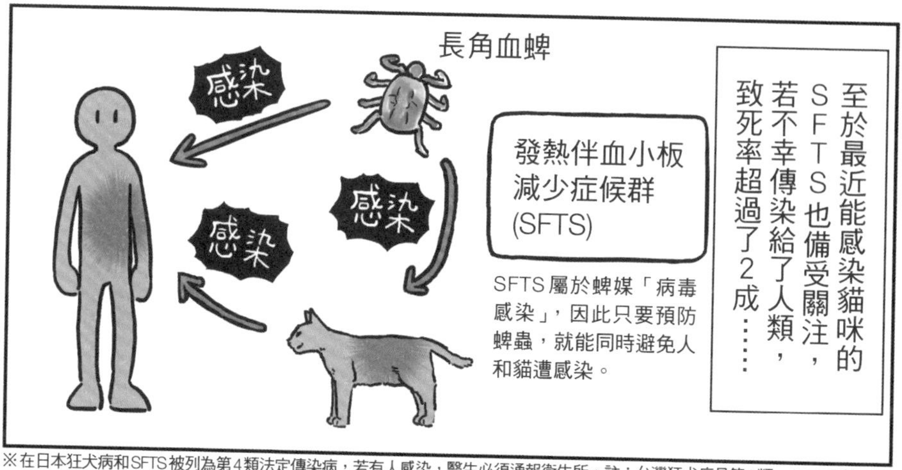
至於最近能感染貓咪的SFTS也備受關注，
若不幸傳染給了人類，
致死率超過了2成……
長角血蜱
感染
感染
感染
發熱伴血小板減少症候群(SFTS)
SFTS屬於蜱媒「病毒感染」，因此只要預防蜱蟲，就能同時避免人和貓遭感染。

※在日本狂犬病和SFTS被列為第4類法定傳染病，若有人感染，醫生必須通報衛生所。註：台灣狂犬病是第1類、SFTS是第4類。

然而並沒有法律規定如果貓感染了SFTS，
就必須要將其隔離。
即使貓感染了SFTS病毒，
若醫院無法隔離就可能直接交還給飼主。
甚至沒有強制規定必須向當局通報SFTS的感染案例，
只有鼓勵掌握疫情的獸醫自行向國立傳染病研究所通報。
二〇一七年貓的飼養數量已經超過了狗，
貓作為家庭一員，與人的距離已經是愈來愈親近，
或許現在正是考慮立法規範的時候了。

獸醫小語

從診察室中的貓，到出診時遇到貓，關於我在看診時會留意的事

在診療室中，有不少貓都在與對未知場所的恐懼戰鬥，這時我會替牠們蓋上毛巾阻隔外在刺激，同時小心翼翼地看診，好讓貓能感到安心。然而若是出診，貓在自己家中就顯得比較強勢，伺機逃走也是常有的事，而且也有貓就是不願配合。

問診方面，我會注意與飼主積極溝通，以便了解貓咪的狀況。我時常從問診中察覺到異樣，例如廁所是否乾淨、是否有確實服藥，或者是不是有吃到奇怪的東西等等。若飼主能協助按時間順序記錄症狀進程，將非常有助於醫生做出診斷。身為獸醫，我最大的願望就是貓和飼主無論如何都能一起快樂生活。

第7章 和貓一起變老

貓與我　讓我們相伴到最後一刻吧！

雖說我也上了年紀，
但這孩子也變得白髮蒼蒼且行動遲緩……
鈴太郎也已經18歲……
相當於人類的88歲了啊……

鈴太郎來到我們家……
不管是我的人生，還是鈴太郎的貓生，
都發生了許多事呢……
靠近…
讓我們相伴…
直到最後一刻吧！

7-01 貓比人老得快

貓比人老得更快。尤其是幼貓的成長非常迅速，約半年左右就具備生殖能力。貓的1歲相當於人類的17歲，兩歲則會增長到24歲。**成貓時期的年齡增長速度是人類的4倍，且從10歲起就算進入高齡。**貓的10歲相當於人類56歲，而這時身心照顧會變得非常重要，若是有做好健康管理，外加良好的飲食、居住環境與體力，貓咪活到20歲也不算罕見。

隨著貓也逐漸邁向高齡化，人與長壽貓相處的時間也愈來愈長，這或許是我們重新檢視貓的飲食、居住環境、貓砂盆等起居方面的好時機。衷心希望貓咪和飼主都能擁有美好的貓生。

總結

貓咪10歲以後，就須重新審視身心照護的狀況！

	幼年期		成貓期				熟齡期			高齡期								超高齡期				
貓的年紀	1	2	3	4	5	6	7	8	9	10	11	12	13	14	15	16	17	18	19	20	21	22
人的年紀	17	24	28	32	36	40	44	48	52	56	60	64	68	72	76	80	84	88	92	96	100	104

紅豆 2歲 母貓
人類24歲
小咪 4歲 母貓
34歲
鈴太郎 18歲 公貓
88歲
你啊⋯一個老頭子卻還跟年輕人混⋯⋯
到底在幹什麼。
貓和人不一樣啦！

貓咪衰老會顯現在這些地方

臉部出現明顯
白毛

眼睛的水晶體
變得混濁

聽力變差
（尤其高頻）

咬合力衰退
偏好軟的食物

嗅覺衰退
對食物反應遲鈍

肌力衰退
動作變得遲緩

無法爬上高處

理毛次數減少

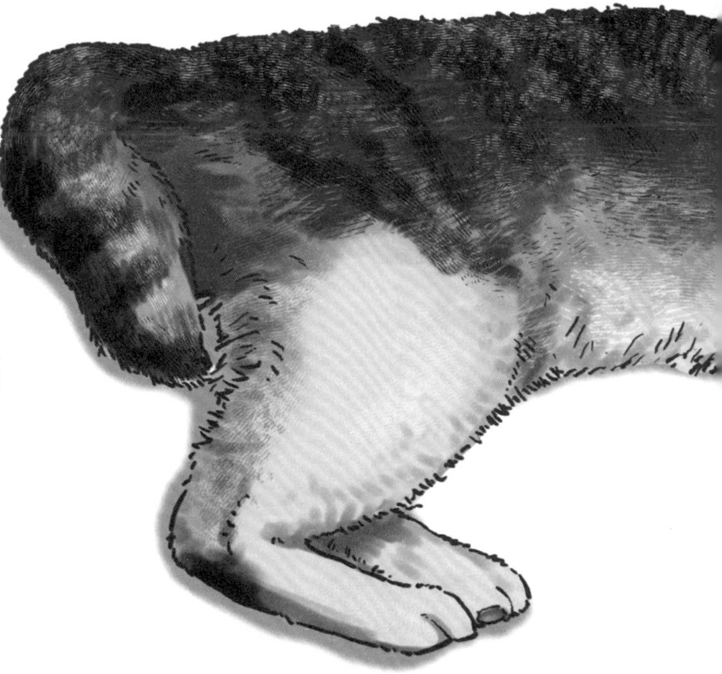

磨爪次數減少

7-02

照顧老貓時要放寬心

照顧老貓的注意事項有①不要拚盡全力，別鑽牛角尖。②在自己經濟能力許可的範圍內照顧即可。③不要陷入孤立，而是要找朋友或伴侶傾訴。覺得累了就要先放鬆心情，最重要的是不要把自己燃燒殆盡。**如果有了愛，那麼辛苦就不「苦」，相信一切都能克服。**

總結

照顧寵物貓時，飼主應避免讓自己陷入身心、經濟失衡的狀態。

要放輕鬆喲☆

同樣地，聆聽照顧者的人也要留意，別因為傾聽煩惱或感同身受而感到疲勞。

婆婆您好，
嗯，有時間唷！
照顧貓的事嗎……！
是。
是。
一定很累吧。
謝謝妳聽我說話，
我的心情好多了～！
就這樣，
我媽說了什麼嗎？
總能克服的吧？

7-03

家養貓的平均壽命為15歲

根據一般社團法人寵物食品協會的全國貓狗飼養狀況調查（二〇二一年），寵物貓的平均壽命為15．66歲，完全家養者可達16．22歲，**相比之下會外出的貓咪壽命則為13．75歲，可見外面對貓來說有多麼危險**。建議各位從平時就要留意替貓做好健康檢查。

總結

貓不會表達自己不舒服，但只要用心觀察，就能察覺貓是否有身心不適。

沉默……

貓不會自己訴說主觀症狀，因此需要飼主平時的勤加觀察。

喀哩
喀哩
鈴太郎，
感覺很健康。
確認心理狀況！
便便也跟以往一樣大！
真了不起！
確認身體狀況！
咚 咚
玲太郎，
就這樣安享晚年吧！
這臭味正是活著的證據。
臭氣熏天

7-04 貓咪上路後的各種「哀悼」之情

貓會比我們早一步踏上旅途，至於該如何接受那天的到來，我認為**首先就是要珍惜現在與貓度過的時光。**要是「已經盡自己所能，也有給貓充足的愛，並與牠共度了一段愉快的時光」，那麼在面對離別的悲傷時，也能比較平靜地接受。讓我們一起珍惜和愛貓生活的點點滴滴吧。

在離別之際，可以對貓說聲：「謝謝至今為止的陪伴。」此外，如果有朋友或伴侶能聽自己講述和貓的回憶，將非常有助於度過「悼念的過程」。

在與貓告別後，人會採取各種的行動，有些人會訴說離別之情，有些人則覺得如釋重負，也有的人是立刻尋找下一隻貓。我認為**這些行動都沒錯，因為人都有能力自行克服悲傷與失落感。**

希望各位將接受離別悲傷、重新振作的哀悼時刻，用的來感謝愛貓所帶來幸福。而我也相信只要有緣，必定能再邂逅下一隻貓咪。

總結

就算貓咪踏上旅途與飼主分別，思念仍會延續。
希望無論是貓和飼主都要幸福。

與貓的回憶無可取代。

大家總有一天
都會離開…
鈴太郎
謝謝你帶來的
幸福時光
就算上路的那天
真的來臨，
我也會以幸福的
心情歡送。
就讓我們先……
好好珍惜現在。

與下一隻貓咪再結緣

今天是貓咪的1週年忌日呢。
醫生，
我雖然想再養貓，但我已經70幾歲了。
如果現在開始養，會不會造成他人困擾啊……
那就不要選擇養剛出生的小貓，
而是可以去領養有年紀的貓。
例如在飼養過程中，
飼主不幸過世的貓、中途貓，
也有狀況比較棘手的貓，
或需要時間適應人類的貓。

和貓的相遇也要靠緣分。
我認為已經有養過貓的人，一定能給貓舒適的環境。
所以沒必要被「無法忘記曾愛過的貓，因此決定一輩子不再養貓」所束縛。
畢竟貓和人壽命長短本就不同，一生的步調也不一樣。
與貓相處的方式有很多，
只要和貓在一起，就有幸福和發現。
最重要的是人與貓共度的時光是幸福快樂的。
這或許就是人與貓的成熟關係吧。

本書內容是以拙作《貓奴必備的家庭醫學百科》為基礎，外加其他新知編撰而成。飼主能藉由漫畫輕鬆的語調，了解該如何照顧愛貓的身心健康，可說是一本劃時代性的作品。就連江戶時代愛貓的畫家——歌川國芳也沒想到貓的文化竟能發展到這種程度吧！

而從獸醫的觀點，我不僅著眼於家庭中的貓，更放眼TNR與放養貓，目的是希望讓「愛貓」的大家能看見貓咪社會的全貌。因此不僅家養貓，我在本書中也多少有提及放養貓、流浪貓的立場。期待這些可愛的漫畫插圖，能引發大家開始思考對貓各種形式的愛。

最後，提到貓的獸醫學，這領域知識真的是日新月異。例如，人們最近才發現原來貓不能透過日光浴生成維生素D，以及有助於延年益壽的「自噬（細胞分解自己成分的機能）」保健法並不適用於貓等等。在研究的過程中，我有許多話都來不及寫進書裡，但要是這本漫畫書能讓各位對「貓的文化與科學」產生興趣，身為監修者的我將備感榮幸。

野澤 延行

後記

我本身和貓開始一起生活
已有17年之久，
但在描繪本書的漫畫時，
仍有許多收穫。
話說這大概是我人生中
畫了最多貓的幾個月。

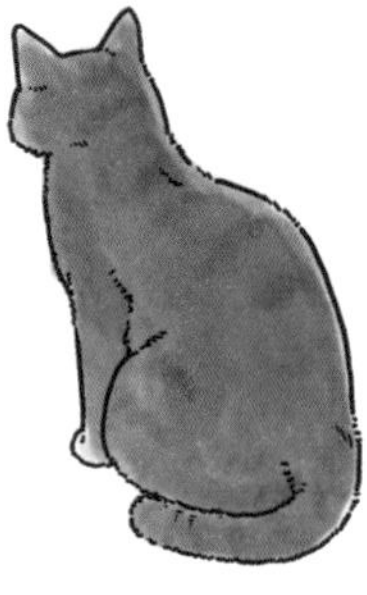

松本勇祐

獸醫來教你！

貓咪的幸福生活教科書

監　修
野澤延行

漫　畫
松本勇祐

裝　幀
坂野弘美

本文設計
松村紗恵（プラメイク）

編　輯
呉 玲奈

出　　版／楓葉社文化事業有限公司
地　　址／新北市板橋區信義路163巷3號10樓
郵政劃撥／19907596 楓書坊文化出版社
網　　址／www.maplebook.com.tw
電　　話／02-2957-6096
傳　　真／02-2957-6435
翻　　譯／洪薇
責任編輯／林雨欣
內文排版／謝政龍
港澳經銷／泛華發行代理有限公司
定　　價／350元
出版日期／2024年1月

國家圖書館出版品預行編目資料

獸醫來教你！貓咪的幸福生活教科書 / 野澤延行監修；薇譯. -- 初版. -- 新北市：楓葉社文化事業有限公司, 2024.1　面；　公分

ISBN 978-986-370-637-3（平裝）

1. 貓 2. 寵物飼養

437.364　　112020518